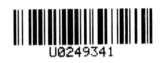

《高等院校艺术设计专业教学研究丛书》

SERIES ON ART & DESIGN TEACHING IN INSTITUTIONS OF HIGHER LEARNING

高等院校艺术设计专业教学研究丛书

染色艺术

编　著｜钟绍琳

湖南美术出版社

图书在版编目（CIP）数据

染色艺术 / 钟绍琳编著．- 长沙：湖南美术出版社，
2013.5
ISBN 978-7-5356-6574-4

Ⅰ．①染… Ⅱ．①钟… Ⅲ．①染色（纺织品）- 高等学校 -
教材 Ⅳ．① TS193

中国版本图书馆 CIP 数据核字 (2013) 第 218419 号

SERIES ON ART & DESIGN
TEACHING IN INSTITUTIONS OF
HIGHER LEARNING

高等院校艺术设计专业教学研究丛书

染色艺术

编　　著：钟绍琳
丛书策划：何　辉　陈秋伟
责任编辑：陈秋伟
特约编辑：谭冀俊　刘晨曦
责任校对：谭　卉
装帧设计：陈秋伟　谭冀俊　王管坤　龙　丁
出版发行：湖南美术出版社（长沙市东二环一段 622 号）
经　　销：湖南省新华书店
印　　刷：长沙湘诚印刷有限公司（长沙市开福区伍家岭新码头95号）
开　　本：889X1194　1/16
印　　张：7
版　　次：2014 年 4 月第 1 版
　　　　　2014 年 4 月第 1 次印刷
书　　号：ISBN 978-7-5356-6574-4
定　　价：42.00 元

邮购联系：0731-84787105　　邮　编：410016
网　　址：http://www.arts-press.com/
电子邮箱：market@arts-press.com
如有倒装、破损、少页等印装质量问题，请与印刷厂联系斢换。
联系电话：0731-84363767

总序

21世纪是信息时代，更是设计时代，设计伴随着社会文明和科学技术发展的步伐在现代社会中扮演着越来越重要的角色，设计水准也成为衡量一个国家和地区经济发展水平的重要标志。现代设计的功能性和超前性，充分地体现了科学与艺术相结合的时代特征，设计在满足人们的现实生活需求的同时，还引领着社会的文化发展潮流，满足着人们不断变化的精神需求。

新材料和新技术的不断涌现，设计学科知识结构的不断更新，教学方法的不断变化，使得设计学科总是处在一个动态的发展过程中。如何使我们的设计教育适应新的社会需求，如何把学生培养成为引导时代潮流的新一代创新型设计人才，是高等院校设计教育必须面对的课题。

设计学科是一个实践性极强的学科门类，既需要系统理论的支撑，更需要实践的检验，设计教育的核心离不开明确的培养目标和科学的教学大纲，教育思想和教学方法的改革也是依靠课程来实现的。

本套丛书的编写立足于设计课程的创新，定位于"设计教学现场"，旨在构筑以教学现场为中心的中国特色、区域文化、国际视野及当代情境相结合的设计教育教学研究平台，力求把最新的、最前沿的，也许是不成熟的，但是预知是有价值的知识展现给我们的学生。编写中我们还注重从认知、体验、创新、评价等环节来组织学科课程内容，将设计基本原理的呈现、学习方法和路径的指引、理论对实践的指导相结合，落实到可操作性上；同时，我们还注重学生探究式学习方法的养成与教师的示范作用，在课程设计时适度地加入了一定的实验性课题，为学生进一步深入地运用设计进行科学研究奠定了基础。教学不是简单的教与学，教师的作用应该是在学生思维停顿时，启发学生的思维。所以在本套丛书中我们加强了设计研讨、案例分析、设计评判等方面的内容，使内容更加贴近学生的实际，更容易为学生所接受，以利于在教学过程中调动学生的积极性与互动参与性。在教学中学生设计的结果固然重要，但是对于学习而言，设计的过程可能比结果更为重要，学生的创造性思维及设计能力只有在学习的过程中才能得以提高。

总而言之，编者在本套丛书的编写中力图在理论性上强调严谨的科学性和广泛的适用性，在实践性上强调通用性和技术的可操作性；课题安排既有适应学生职业发展需求的实践性课题练习，也有强调设计前瞻性的实验性课题训练。希望通过课程的学习能够提高学生提出问题、分析问题和解决问题的能力。

由于本套丛书所涵盖的课程门类较多，各门课程又有各自的学科特点，无疑会留下许多遗憾和不尽如人意之处，诚挚地希望各院校的教师和同学在使用过程中反馈宝贵的意见。

孙湘明、何辉

2010 年 7 月

目 录

前 言

染色艺术源自于我国传统的手工印染工艺，是时代的发展、科技的进步以及各艺术之间的相互融通推进了染色艺术的发展进程。手工染色是我国的传统艺术，但在自身发展上却相对滞后。

1988年我去日本留学，见到了在国内不曾见到的色彩艳丽、工艺精湛的染色艺术作品，从而对染色艺术有了新的认识。当时原本打算出国学习室内设计的我毅然决定改学新颖、别致的染色艺术，希望将来能带回国内为祖国的染色艺术做些事情。

1998年回国后，我首先在母校鲁迅美术学院美术馆举办了个人染色艺术作品展，接着在中央工艺美院展厅举办了以染服系及我个人名义共同举办的染色艺术作品展，在这次展览中还展出了除染色绘画外的实用染色艺术作品，从此开始了我在国内染色艺术的拓展进程。

2000年10月，我任职于北京工艺美术学校（现北京工业大学艺术设计学院）逐步开始了染色艺术教学工作。经过十多年的努力、探索、研究与实践取得了一定的成果，并通过办展、参展、作品发表、论文发表、讲演、讲学等使得新颖、别致的染色艺术在国内得以拓展，我为此而感到由衷的欣慰。

如今的染色艺术已不仅在实用领域发挥着它的功用，更以其独特的工艺、韵味、特色走向了绘画、软浮雕、立体软雕塑、空间装饰等新的艺术表现领域。新的时代、新的工艺、新的艺术表现形式、新的艺术理念更要求我们不断实践、不断探索、不断创新以适应时代的发展、社会的需求，只有让染色艺术自身不断发展并与其他艺术一起共同进步，才能不辱使命，使染色艺术更好地服务于当代社会。

在这里，将多年的创作经验、研究成果与教学心得编著成书与同行及染色艺术爱好者们共同分享，愿为推进我国的染色艺术的发展做出自己的努力。本书力求从观念、技法、工艺以及作品创作等方面，结合大量的教学实例，通过染色绘画作品、染色浮雕作品、染色立体作品以及实用作品等表现形式使读者全面了解染色艺术历史、现状与发展情况。本书既适用于艺术设计专业教材，也可作为绘画爱好者、染色艺术爱好者、纺织服装行业相关人士设计、创作的参考书。

钟绍琳

2013 年 3 月于北京

第一章
染色艺术概述

要点提示

○ 学习目的
了解新颖、别致的染色艺术，特别是现代染色艺术的时代风貌、功能、特色，为进一步的专业学习奠定基础。

○ 学习重点
认识染色艺术的当代意义，树立学习、钻研、探索、发展染色艺术的信念。

○ 学习难点
染色艺术在当代艺术中的定位与把握。

○ 参考课时
6 课时

第一节
古老而又现代的染色艺术

染色艺术是一个新的概念，它是艺术家利用——蜡染（图1-1）、糊染（图1-2）、扎染（图1-3）、型染（图1-4）、捺染（图1-5）、版染（图1-6）、手绘（图1-7）等多种——手工染色法创作、设计、制作的平面作品（图1-8）、浮雕作品（图1-9）、立体作品（图1-10）、空间装饰作品以及实用品（图1-11）的一种艺术形式。

染色艺术是一门既古老又现代的艺术。早在人类摆脱茹毛饮血的状态时便开始了染色的历史。染色的初始形式是手绘色彩于织物上，借以装饰美化自身。秦汉凸版捺印法的印花工艺标志着印染史上一个新的起点。唐宋时代染色工艺日趋成熟，明清的蓝印花布更使民间的染色工艺盛行。一直以来特别是少数民族的蜡染、扎染实用品及装饰品为人们的日常生活及文化生活增添了异样的色彩。随着时代的发展、科技的进步以及各艺术之间的相互融通，染色艺术也以其自身独特的风貌逐渐展现在人们面前。在材料方面，染料不仅种类多样，而

图 1-1 蜡染 金色乐章

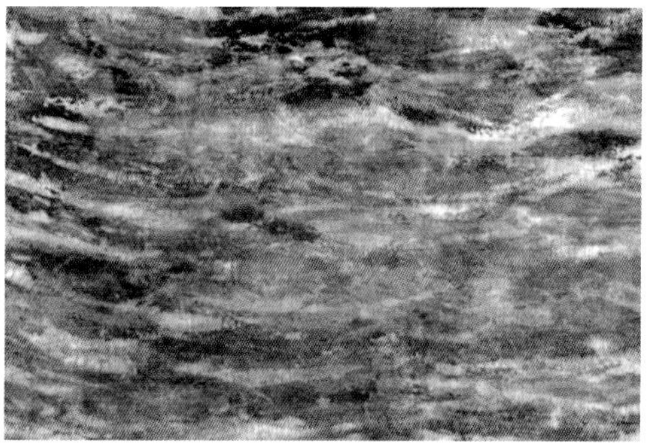
图 1-2 糊染 碧水绿波

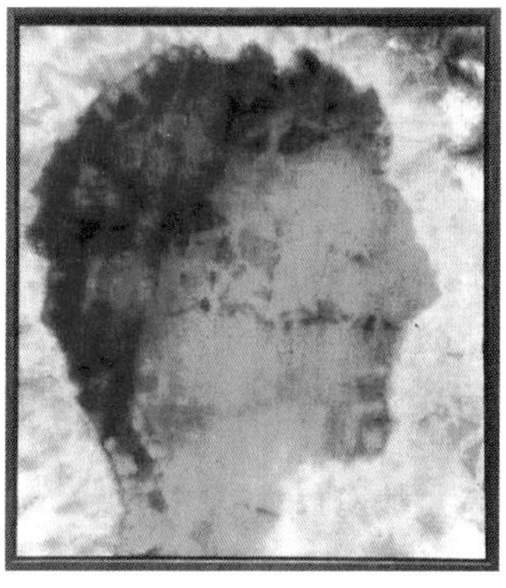
图 1-3 扎染 侧面像

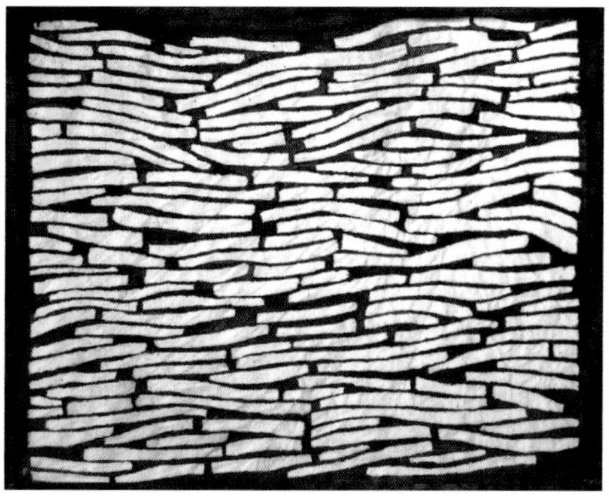
图 1-4 型染 律动

图 1-5 捺染 童年记忆

图 1-6 版染 墙

图 1-7 手绘 巢

图 1-8 平面作品 浮云图

且色种丰富，在使用上可以像其他绘画颜料一样用水自由地调配，从而增强了染色艺术的色彩表现力。特别是在染色绘画表现上，它可以表现诸如油画的笔触（图1-12）及丰富的色彩效果；国画的渲染（图1-13）、重彩效果；版画的刻印趣味（图1-14）；水彩画的透明及色彩淋漓的效果（图1-15）等。在绘画艺术的探索方面，自近代欧洲，特别是欧美等地，相继出现了一批杰出蜡染画家如：诺埃尔·迪兰福（图1-16）、海蒂·凡·卜爱克霍恩（图1-17）、恰利司迁·勒符（图1-18）等人。他们把蜡染绘画作为个人艺术创作的一种独特手法，从而使蜡染绘画与其他艺术一样成为人们喜爱的一种绘画形式，受到世界艺坛的重视。随着染色绘画的逐步展开，无论在欧美还是在亚洲都不同程度地推动着染色绘画的进程。在亚洲的日本还成立了专门的染色绘画团体——“染彩画会”，他们将自由的艺术创作理念用于蜡染、糊染、型染、手绘等染色绘画创作中，从一个侧面推动了日本染色艺术的发展。（图

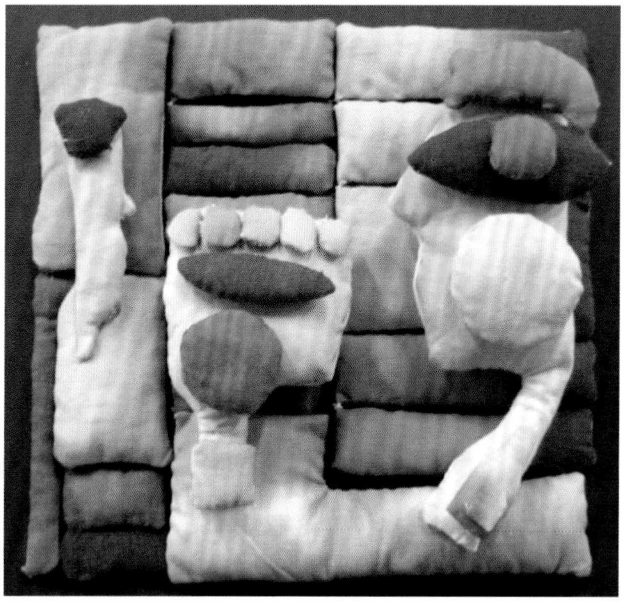
图 1-9 浮雕作品 赵明

图 1-10 立体作品 刘月

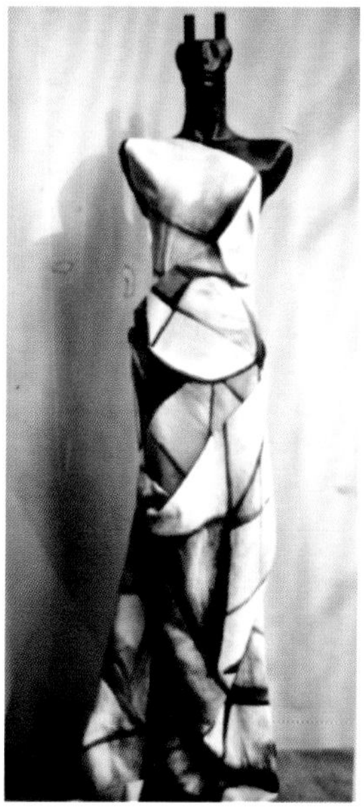
图 1-11 实用品 服装面料

图 1-12 油画笔触 海阔天高

图 1-13 国画渲染 追思图

图 1-14 版画刻印趣味

1-19、图1-20）随着当代美术日新月异的发展变化，无论在艺术观念、表现范围还是在材料、手段、表现形式上都更趋多样化，新的艺术形式、艺术品种、艺术手段不断呈现。染色艺术也是如此，随时代发展而发展、变化而变化，在不断吸取其他绘画、其他艺术表现形式的精华中展现出自身新的风貌。艺术当随时代，染色艺术也正以其自身的风貌、特色不断为人们的思想、精神、文化生活增添新的活力。

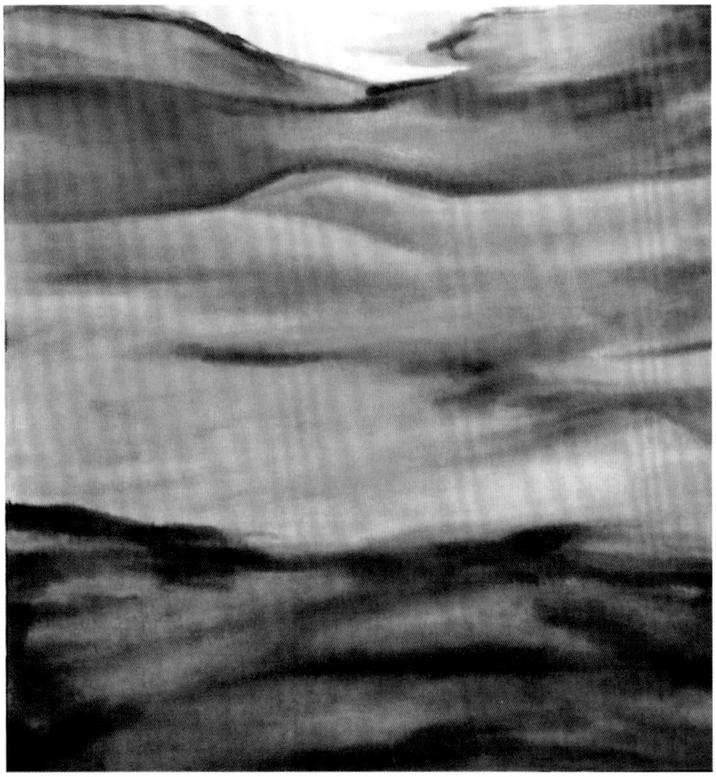

图 1-15 水彩效果 郊外之七

图 1-16 回归 诺埃尔 · 迪兰福

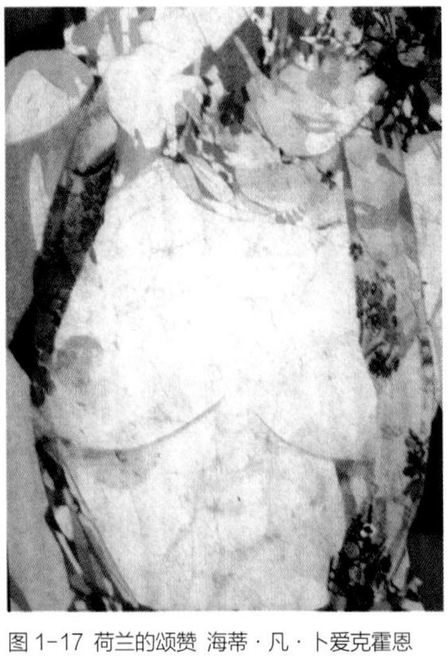

图 1-17 荷兰的颂赞 海蒂 · 凡 · 卜爱克霍恩

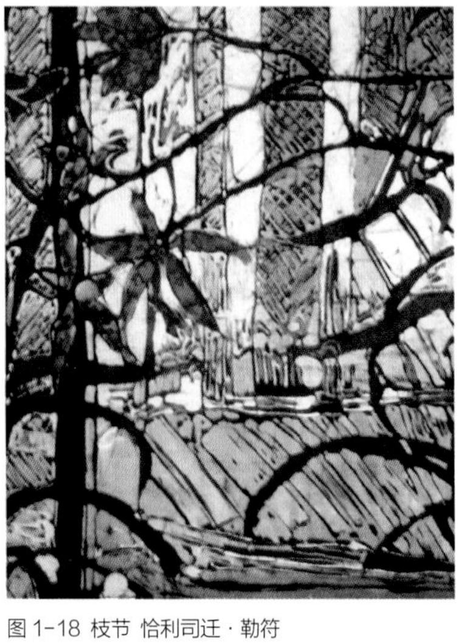

图 1-18 枝节 恰利司迁 · 勒符

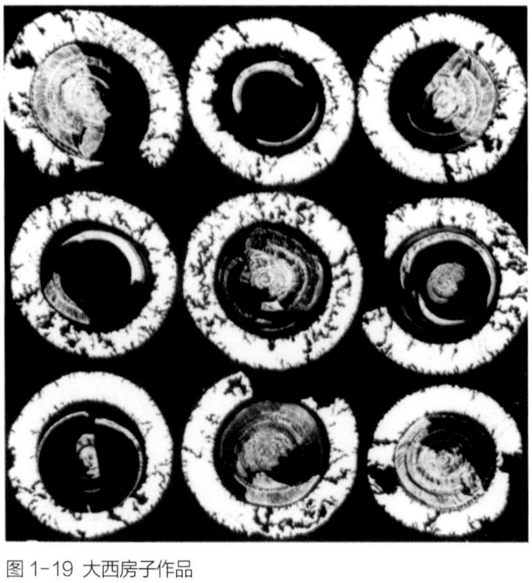

图 1-19 大西房子作品

图 1-20 堀友三郎作品

第二节 染色艺术的功能特色

染色艺术包括绘画、立体作品（软雕塑）以及实用品制作等艺术表现形式。染色绘画是以棉布、麻布等为材料，用染料经过绘画的手法直接或间接地绘制作品：直接即指用笔蘸染料直接在棉布或麻布上绘制作品；间接即结合蜡、糊等材料的使用间接地绘制作品。还有其他一些手段——型染、捺染、版染是通过刻形、刻版印制作品，扎染是通过扎结手段制作作品。在作品的制作过程中还要经过蒸、煮、刷的固色及水洗等工艺处理才能够最后完成，因此染色作品的制作带有较强的工艺特色。由于染色作品的制作往往要经过多次绘制、固色、水洗才能够最后完成，因而使染色作品带有了一种明显的与其他绘画不同的趣味、特色，也就是它的染味，这也正是它的独特之处，魅力所在。在材料特色上，由于染色用材料主要为棉布、麻布等布料，而布料本身具有吸音、吸光、柔软等特质，加之染料对布极强的渗透力，使染料与布地密切结合，融为一体，从而产生了独特的质感特色：一种亲切、温馨、柔和的质感美。特别是在硬质材料如水泥、石材、金属等充斥的现代建筑中用染色艺术品装饰、点缀，以融合其硬质材料带来的冰冷、生硬之感，给人以亲切、柔和、温馨之感，无疑是良好的选择（图1-21）。由于染料对布地极强的渗透力还使得染色作品可以从正反两面观赏，在隔断、屏风（图1-22）等艺术形式上染色艺术作品具有独特的功用。这一点，也可以从反面打上灯光，使作品与灯光结合，通过透光表现而展现其独特的效果（图1-23）。在技法表现上，由于一些辅助材料及独特工艺的使用，使得染色作品有了独特的趣味，如：蜡染的冰裂纹效果；糊染的自然肌理表现；扎染所形成的自然晕染、自然渗透效果；型染、捺染、版染的刻印趣味都丰富了染色作品的艺术表现力。

染色艺术还有一种其他艺术所不具备的特点，即它的双重功能，也就是它既可以以艺术品的形式体现，如染色绘画作品、染色浮雕作品、染色立体作品、空间装饰艺术作品等，也可以以实用品的形式体现，如服装面料（图1-24）、服饰用品（图1-25）、家纺用品（图1-26）等。这使得它的艺术表现范围更为宽广，也使得学习染色艺术的人们有了更多的选择。

随着人们生活水平的日益提高，人们对艺术、艺术欣赏、艺术装饰的要求也越来越高，染色艺术的独特功用无疑为人们增添了新的选择。染色艺术品及实用品将越来

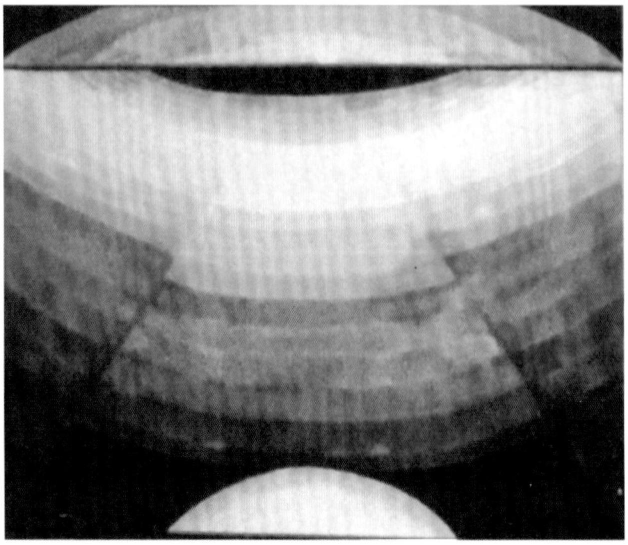

图 1-21 建筑空间作品

越多地走入人们的家庭生活、公共建筑空间等。染色艺术作为一种独立的艺术形式，以其自身的特色、韵味，越来越受到人们的关注与喜爱。染色艺术是时代的产物，是历史发展的必然结果，并将得到进一步的发展。在国外，这种艺术形式已经取得了长足的进步，有许多从事染色艺术的专门人才：染色艺术家、染色艺术爱好者等，正是由于他们不懈的努力，才使得染色艺术无论从用具材料、工艺制作还是艺术水平上都有着较快的发展与较高的成

图 1-22 屏风 原田史郎

图 1-23 透光作品

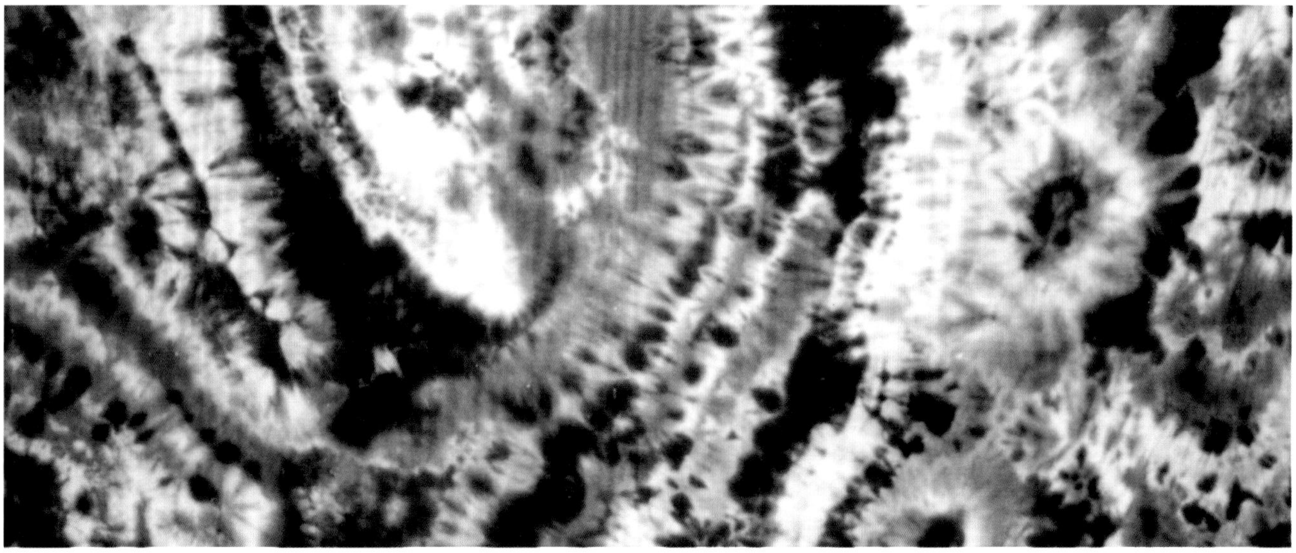

图 1-24 服装面料

就。而与之相比，国内还相对滞后，特别是在教学育人、材料研发、艺术研究上都还远远不够。因此需要我们所有的专业工作者、爱好者、支持染色艺术的人们的共同努力，在了解、参与、实践、研究的基础上不断促进我国的染色艺术更好、更快地发展。

染色艺术是一个年轻的艺术。年轻就有活力、有朝气。只要我们不懈努力，积极探索，必将开拓一片染色艺术的新天地，使我国的染色艺术更好地服务于民、服务于当代社会，以无愧于我们的祖先、无愧于中华民族悠久的历史文化。

图 1-25 服饰用品

图 1-26 家纺用品

思考练习

●要点提示

1. 染色艺术的当代意义。
2. 谈谈你对染色艺术功能、特色的理解。

●思考题

1. 传统染色与现代染色有何异同？
2. 课堂讨论，谈谈你对现代染色艺术的认识与理解。

相关链接

●延伸阅读

1. 钟绍琳 . 日本现代染色艺术 [J].2003，6
2. 汪芳，邵甲信，应骊 . 手工印染艺术教程 [M]. 上海：东华大学出版社

第二章
染色艺术的用具、材料

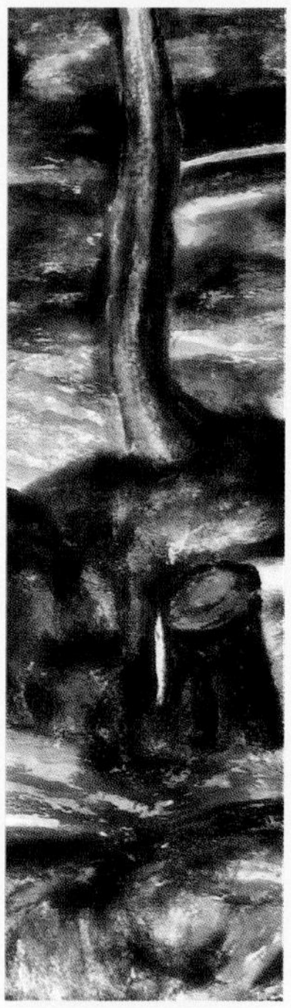

要点提示

○ 学习目的
熟悉、了解染色艺术的用具、材料，为今后的作品制作奠定基础。

○ 学习重点
染料的性能及使用。

○ 学习难点
材料、用具的综合使用。

○ 参考课时
8 课时

第一节
染色用具

染色艺术的用具有笔、木框、撑布器、蒸锅、蒸筒、容器、量器等。

一、笔

笔由不同的毛质制成，如羊毛、狸毛、鹿毛、马毛等，也有尼龙制成的笔。笔有不同的形状、大小、用途，要根据需要选择用笔。

（一）描蜡用笔

用于蜡染制作时的描蜡。由于蜡温较高，因此描蜡用笔要选择耐热、耐高温的优质动物毛制成的笔。（图2-1）

（二）绘画、染色用笔

绘画、染色用笔的选择余地较大，要根据需要选择笔的大小、毛质的软硬、笔型的方圆，如：国画用书画笔、油画笔、水粉笔、板刷等（图2-2）。

（三）尼龙笔

由尼龙制成的笔，具有弹力好、耐药品性强等特点。用于涂刷固色液，特别是对于黏稠色液的运笔更显轻松自如。（图2-3）

二、木框、撑布器

染色作品制作时要用木框或撑布器将布绷起，使布平整，便于制作。木框多用于染色画的制作，绷布时用图钉将布固定在木框上（图2-4）。

撑布器多用于染色布的制作。它由木夹棍、竹撑组成。木夹棍由两条木方及绑绳组成，两条木方中的一条钉有一排尖钉，另一条钻有与尖钉相对应的钉穴。两条木方合上后能将布紧紧夹注，借助于绑绳将布绷起。竹撑由竹棍及针组成。竹棍的两端埋有铁针，撑布时将针扎入布的两边缘，将布撑起、绷平。两组木夹棍与若干个竹撑构成一套撑布器。撑布的强度可通过竹撑来调整，竹撑有不同的种类、型号，要根据布的尺寸及用途来选择。（图2-5）

图2-1 描蜡用笔

图2-2 染色用笔

图2-3 尼龙笔

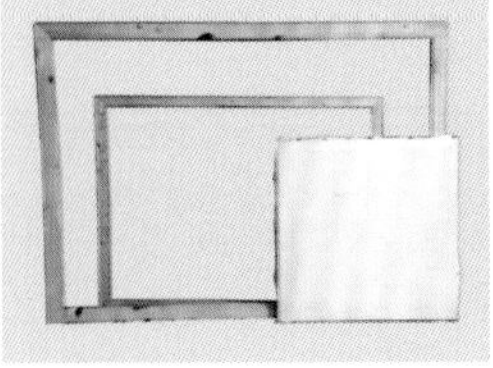
图2-4 木框

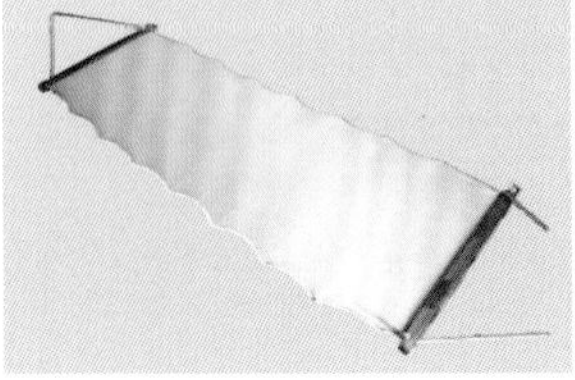
图2-5 撑布器

三、蒸锅、蒸筒

蒸锅、蒸筒主要用于作品的固色。蒸锅可选用略大型的家用蒸锅。蒸筒由不锈钢制成。由于它较高可以不用折叠而是将布卷成筒状在蒸筒内固色。（图2-6）

四、容器、量器

容器用于装染料、糊等材料。有不锈钢、搪瓷、聚乙烯、玻璃等材质，如：不锈钢筒、搪瓷盆、玻璃瓶等。

图2-6 蒸锅、蒸筒

图2-7 容器、量器

量器有小天平、电子秤、量杯、温度计等。小天平、电子秤用于染料、助剂、糊、布等的称重。量杯有不同的种类及型号，杯上有刻度表，材质有玻璃、聚乙烯等。量杯用于染液的配置、溶解，也作为染料容器使用。温度计用来测量水温及染液温度。（图2-7）

五、其他用具

1.画粉：裁缝用的画粉可用于画稿。

2.小碟、小碗：用于调色、装染液用。最好是白色陶瓷、 搪瓷。

3.搅棒：有玻璃、不锈钢、竹质等各种材质。用于染液的搅 拌、调色等。

4.胶皮手套：称染料、刷固色剂、投洗布时用。

5.包裹布、报纸：作品蒸固色时用。（图2-8）

图2-8 其他用具

第二节
布地的选择与处理

染色作品制作时要根据用途选择素材（布地）。布有粗、细、厚、薄、轻、重以及棉、麻、丝等不同的材料与质地。选用棉、麻、丝绸时要注意布的表面是否经过加工。对于染色作品来说选用没有经过加工的原布为好。另外布有没有打结、是否平整、有无污染等都将影响到作品制作的好坏。通常制作前要将布地加以处理，以去掉糨糊、油污。（图2-9）

棉、麻布处理的方法是：先将布在水中浸泡，再用开水浸泡，待其自然冷却后充分水洗，自然干燥。根据情况也可加入洗剂。

丝绸的处理方法是：用温水浸泡30分钟左右，充分水洗后自然干燥。自然干燥即避免为加速干燥而使用熨斗等，因为使用后布地容易发生化学变化，成为染斑的直接原因。

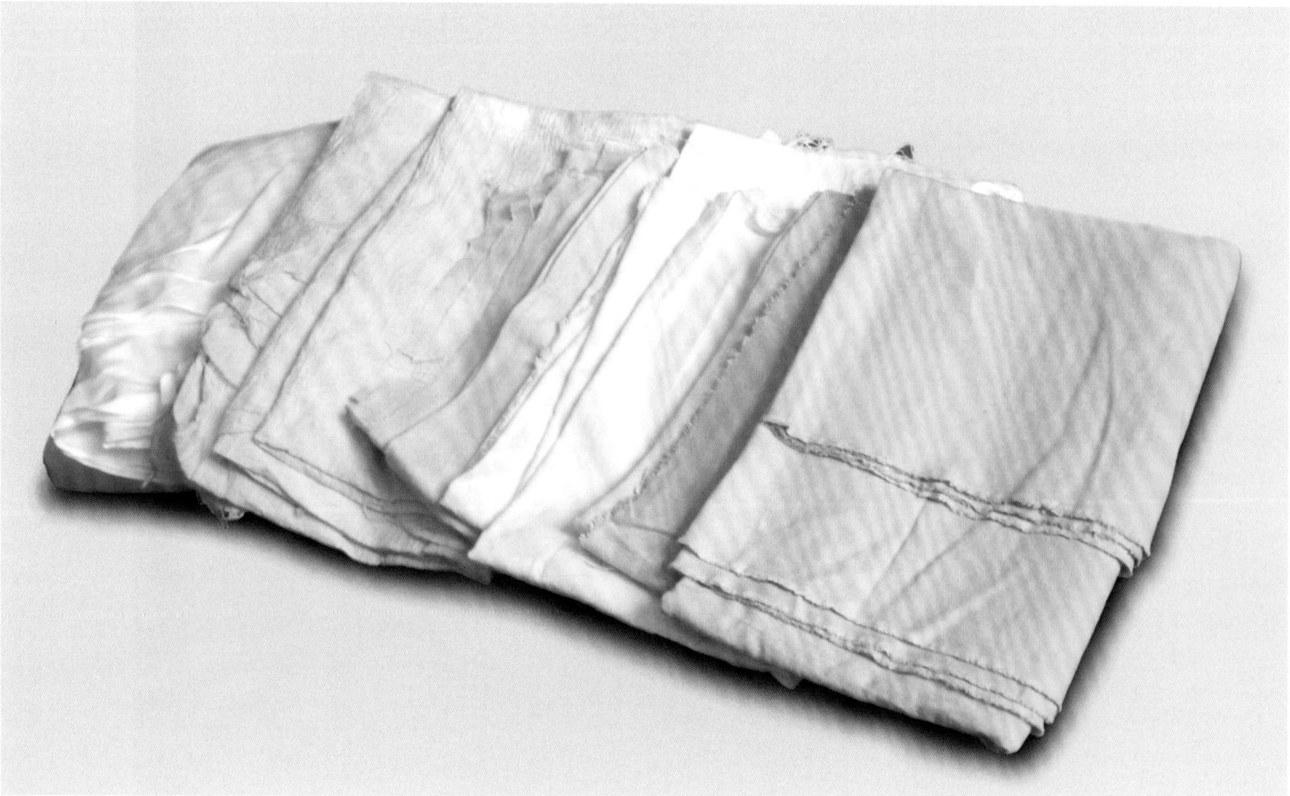

图 2-9 布料

第三节
染料的性能及使用

对染料的熟悉与掌握与否是关系到染色作品成败的重要一环。特别是对于实用品方面，像服装面料、服饰用品、家纺用品等的耐洗、耐晒、柔软感等的要求就更高。对于艺术品方面来说染料的色相、色质、鲜明度等都对作品的效果产生直接的影响。这要求作者对染料的性能、使用方法有较好的把握。染料的种类多种多样，各种染料都有自己的长处、特性，要善于使用染料，更好地制作作品。

一、活性染料（反应染料）

与纤维化学的结合后染色的染料。用于棉、麻、蚕丝、羊毛、人造丝等。色质艳丽、坚牢度高。用水溶解，调色自由，使用方便。活性染料根据固色方法、固色种类、固色温度的不同有多种固色方法。

（一）固色液涂刷法

作品绘制干燥后用固色液涂刷，30~60分钟放置后经水洗、热水洗、水洗、晾干。固色液涂刷法属于低温固色，适用于蜡染及其他技法的固色。固色液在涂刷时要使用尼龙毛刷，同时为了手的保护还需戴上胶皮手套。为避免固色液进入眼内，要注意眼睛的保护。投布时最好用流动的热水以防止画面污染，投洗过程中不要放置，以避免画面污染。

（二）强碱固色液短时间固色法

高温强碱液短时间固色的方法。固色时间在10~20秒之间，固色时间过长会使染料分解。这种固色方法由于时间的限制，也为便于操作更适合于小件作品的固色。固色时将强碱固色液加温至90℃~100℃，作品充分干燥后投入固色液中固色，经水洗、热水洗、水洗、干燥、完成。强碱固色液的配制为：1升水加入纯碱150克、食盐200克、碳酸钾50克、苛性钠30克。

（三）汽蒸固色法

将固色助剂（碳酸氢钠）加入染料液中，绘染完成干燥后汽蒸10分钟固色的方法。染料液与固色剂的配比为100:2。活性染料在使用时要根据技法的不同，适量加入海藻酸钠糊以起到防渗及有助于着色的作用。

二、酸性染料

酸性染料用于丝绸、羊毛、尼龙等。其色质鲜明、使用方便，并有耐日晒、耐水洗、耐摩擦等性能。酸性染料用水溶解，适用于多种技法表现。

制作时将染料用水溶解后要先经过一次加热处理。处理方法是煮沸即可，不要长时间煮，冷却后使用。作品绘制完成后用蒸锅蒸30~60分钟固色，而后水洗、热水洗、晾干。

三、直接染料

直接染料适用于棉、麻、人造丝等。染料呈粉末状，可用水溶解，调色自由。直接染料适用于多种技法表现。制作时先将染料加水搅拌，溶解后煮沸，冷却后使用。完成后用蒸锅蒸30分钟，然后水洗、热水洗、晾干。

直接染料浸染时，先将染料液加温至30℃，再将画布投入染液中加温至80℃~90℃，保持30分钟左右后使温度自然冷却到60℃时将布取出水洗、热水洗、晾干。

四、纳夫托染料

与其他染料不同，纳夫托染料是使用性质相异的两种染液染色的特殊染料。一种是AS类溶液的打底剂，一种是显色剂，两种溶液在布上接触后发色。发色后水洗、晾干。

纳夫托染料耐日晒、耐水洗、耐摩擦性能较高，适用于植物性纤维素材。

五、建染染料（还原染料）

建染染料不溶于水，用碱性还原剂才能溶解。染料液对纤维染色后在空气中酸化发色而后固色。经水洗处理后色泽鲜明、耐日晒、耐水洗以及耐摩擦性均较高。适用于棉、麻、人造丝等植物纤维。建染染料使用简单、方便，特别是用于蜡染时30℃即可染色，因而被广泛使用。

建染染料浸染时将布浸湿后投入染液中10~20分钟染色，经水洗、空气酸化、水洗、干燥、完成。

六、盐基性染料

盐基性染料也称碱性染料。用于丙烯类纤维及合成纤维的染色，也用于皮革的染色。

七、分散染料

分散染料用于聚酯、尼龙、维尼纶纤维等化学纤维以及橡胶、塑料的染色。固色方法是熨斗热固色法。根据技法表现的需要可适当地加入海藻酸钠糊以调整染料的黏度。固色时熨斗以180℃高温30秒固色。固色后水洗、干燥、完成。

八、颜料树脂染料

颜料借助于树脂在纤维上固色的染料。有耐日晒、耐水洗、牢度好、色泽鲜明的特点，可以染任何纤维并且可使用多种技法表现。染色干燥后用熨斗烫即可，使用方便、混色自由。

九、植物染料

植物染料是以天然植物的根、叶、树皮、果实等为原料，经加工而成。植物染料是借助于媒染剂染色，使用不同的媒染剂会产生不同的颜色。植物染料的加工根据原料种类的不同有不同的煎煮、提取染料的方法。有很多的原料也可以从中草药中找到，即可以从药店买回对多种植物进行染料提取的尝试。植物染料中适用于棉、麻、丝绸的不尽相同，要通过大量的实践去掌握它们的特性，以便更好地使用。

思考练习

●要点提示

1. 染色艺术用具、材料的种类与用途。
2. 如何选择染色用布料？
3. 染料的种类与使用方法。

●思考题

谈谈你所认识、了解的染色艺术用具、材料，指出它们的特性所在。

相关链接

●延伸阅读

邵甲信．手绘 扎染 蜡染技法[M]．上海：上海人民美术出版社

第三章 染色艺术的表现技法

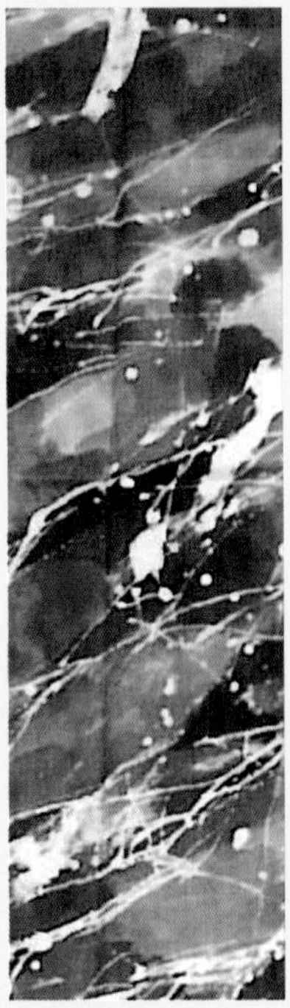

要点提示

○ 学习目的

染色艺术的表现技法是在传统的染色工艺、技法的基础上逐渐发展起来的。主要有蜡染、糊染、扎染、版染、手绘以及各种技法的结合、并用等。根据作者的喜好、特长形成有各自特点的表现技法，从而造成了染色技法上的风格迥异、各放异彩，并在不断的艺术实践、探索中发现、运用新的表现技法。

○ 学习重点

了解各种技法的特色所在，掌握基本的工艺、技法。

○ 学习难点

多种技法的综合运用。

○ 参考课时

24 课时

第一节
蜡染

蜡染是以蜡作为防染剂染色的技法。古代称之为蜡缬。蜡染制作时将蜡在容器中加热熔化后用毛笔、板刷、蜡刀等将蜡涂、画于布上，染色水洗后涂、画过蜡的部分不能够上染，形成留白进而形成图形。通过这样的画蜡、染色、固色等程序完成作品。一般要经过多次这样的反复才能最后完成作品。

一、蜡与笔

(一)蜡的种类

蜡的种类很多，常用的有蜜蜡（蜂蜡）、石蜡。蜜蜡：动物系，黏性高、防染力强。石蜡：石油系，蜡质脆、易产生龟裂，黏稠度低、厚度薄，易于描画。除专门用于龟裂纹的制作外还常与其他蜡配合使用。(图3-1)

(二)蜡的使用

蜡的使用要根据蜡的不同种类、不同性质以及艺术表现需要来选择用蜡。其中蜡的温度、熔点、蜡的配合是在使用中要注意的问题。

蜡温的把握是上蜡时不可忽视的环节。蜡温过低时蜡只是浮于布的表面，不能充分渗透，起不到良好的防染效果。蜡温过高则容易“出格”，渗出线外影响形的准确表达。蜡温适中时蜡线准确、均匀地穿透布地，无渗出、明晰且有力透纸背之感。一般来说在室温低、布质厚的情况下蜡温要适当地高一些：反之在室温高、布质薄的情况下蜡冷却得慢，上蜡时容易产生渗出现象，这时的蜡温可适当地低一些、笔中蜡的含量少一些、运笔的速度也要快一些……总之，蜡温的把握要考虑到诸多因素，把握它们之间的微妙关系以便更好地驾驭它们。(图3-2)

蜡的熔点也是上蜡时要注意的问题。熔点低的蜡冷却、凝固的时间缓慢，画蜡时掌握不好蜡线很容易渗出。同时由于蜡的凝固较慢，蜡可以从容地穿透布地，因此运笔的速度也可适当地加快以防渗出。熔点高的蜡保

图 3-1 不同种类的蜡

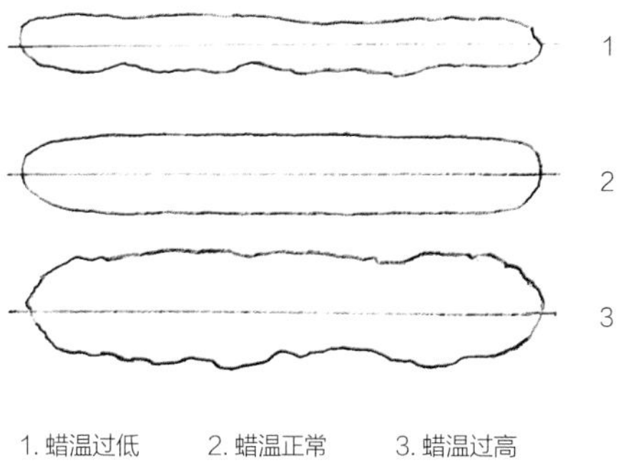

图 3-2 蜡温的把握

持住蜡温、控制好运笔的速度就更为重要，否则由于蜡冷却得快容易使蜡浮于布的表面难以穿透布地，特别是在室温低、布质厚、画长线、涂大面时更要注意。

蜡的配合是蜡的使用中最为基本也是需要长期实践去熟悉和掌握的。因为蜡的种类不同、性质各异要根据画面需要去选择用蜡，恰如其分地配合，以达到使用方便、效果良好的目的。如蜜蜡：它的黏度高，单独使用不利于描画，适当地加些石蜡既不影响防染效果又利于描画。石蜡单独使用时运笔爽快、通透，但由于它较脆易产生龟裂，除用于制作龟裂效果外一般也多与其他的蜡配合使用以达到互补便于使用的目的。

（三）蜡的效果

蜡的效果主要是通过线、形、笔触、龟裂纹等体现出来。蜡线由于是由一定黏稠度的液体描绘出来的，因而它有别于水墨、颜料等的线描效果而有其独特的味道：浑厚、粗犷、朴拙。它可以表现粗细、刚柔、强弱等不同效果。用蜡刀、蜡壶（漏斗笔）还可以描绘出很精细的线，精巧、别致又富于表现力。（图3-3）

蜡在表现形时可涂成块面使之成为形的防染。这个形可以是留白也可以再上色成为色块。无论是留白还是色块经过上蜡、染色、水洗这样反复的制作都使这些形充满浓郁的蜡味而富于个性。也可以用泼洒蜡液等方法以及利用各种工具蘸蜡去表现各种有机形、自然形。

利用画蜡的笔触如：皴、擦、点、撮去描绘山石、水纹、浪花、苔迹等自然肌理都富有表现力。（图3-4～图3-7）

蜡的龟裂效果是蜡染的一大特色。龟裂的制作可以根据画面需要制作出各种不同的纹理、形态，或强硬，或柔细，或松散，或密集。可以从大自然中吸取灵感，像地表的龟裂、动植物的纹理、叶脉、花纹等。还可以通过折、叠、掰、拧、卷、压及利用各种工具制作出不同的龟裂效果。（图3-8～图3-13）

（四）蜡的熔解具

蜡的熔解具由蜡的容器及加热器组成。蜡的容器主要有：小蜡锅、长方形盘式容器。材质最好是不锈钢。加热器主要有：小电炉、煤气炉、酒精炉、电磁加热器。（图3-14）

（五）笔

笔要选择耐热性较好的毛笔、板刷。笔的型号可以有不同的大小。也可以选择蜡刀、漏斗笔等。

（六）笔的使用

描蜡用笔在新笔使用前最好将笔进行一下简单的处理，这样既可以延长笔的寿命也有利于笔的使用。方法是将笔的笔毛从尖部到根部轻轻揉搓，目的是去掉笔毛

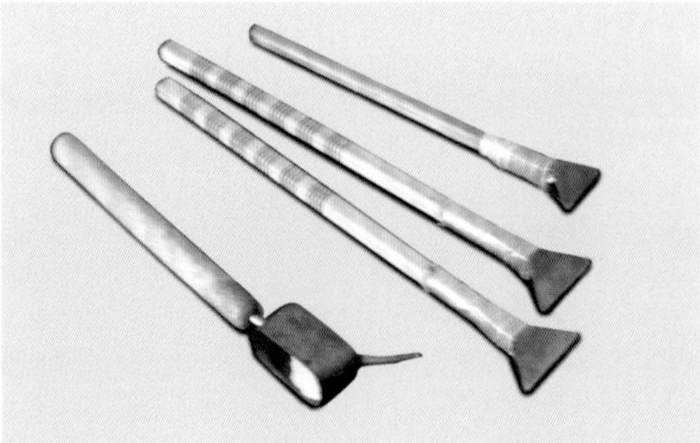
图3-3
蜡刀、漏斗笔

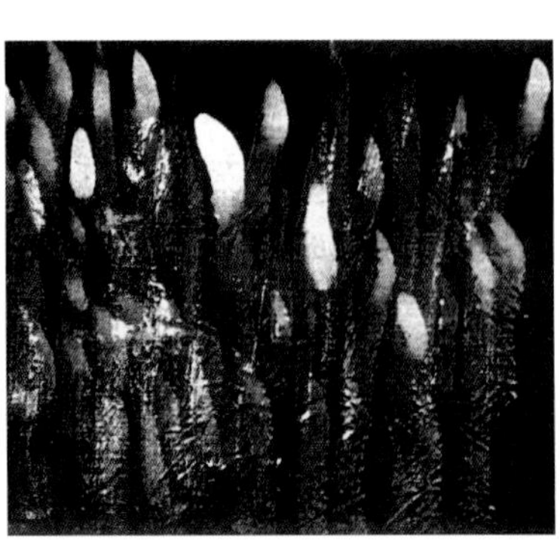
图3-4 皴

图3-5 擦

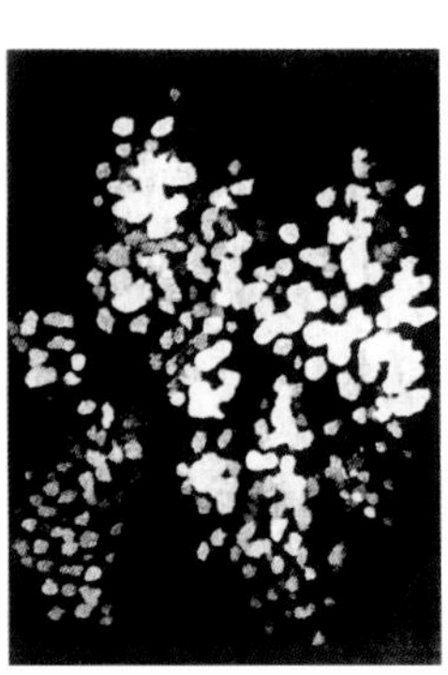
图3-6 点

图3-7 撮

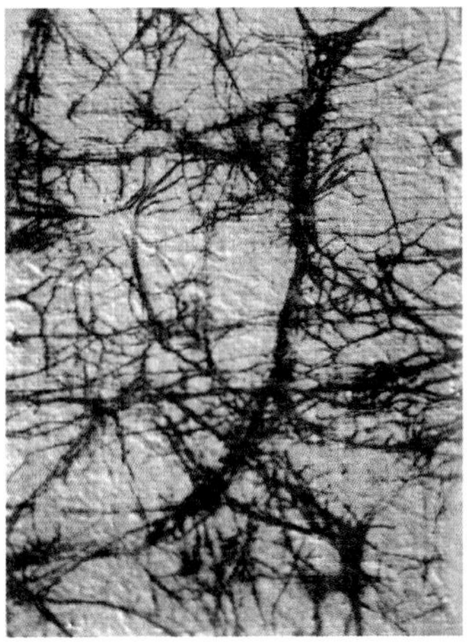

图 3-8 折

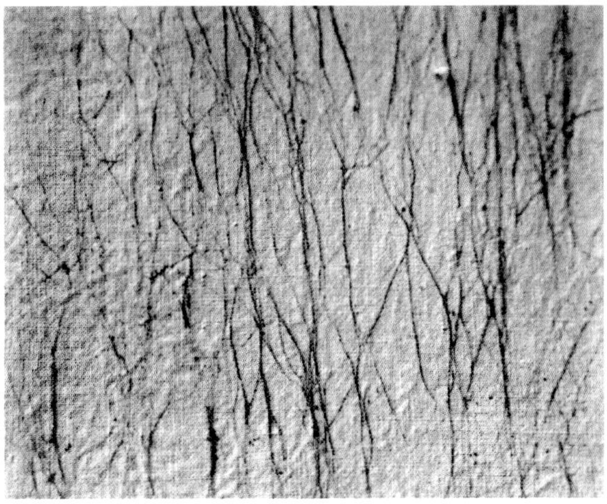

图 3-9 叠

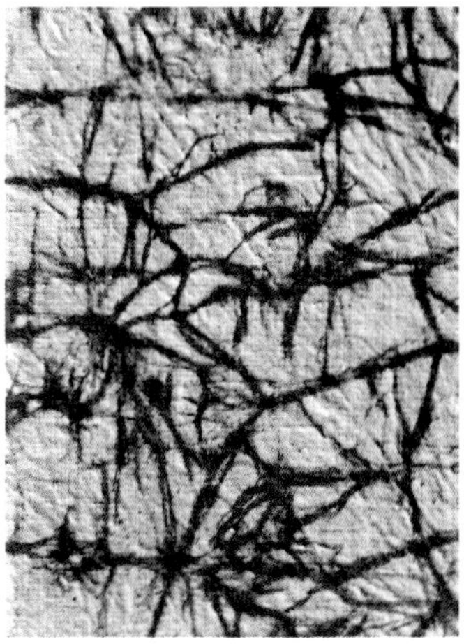

图 3-10 掰

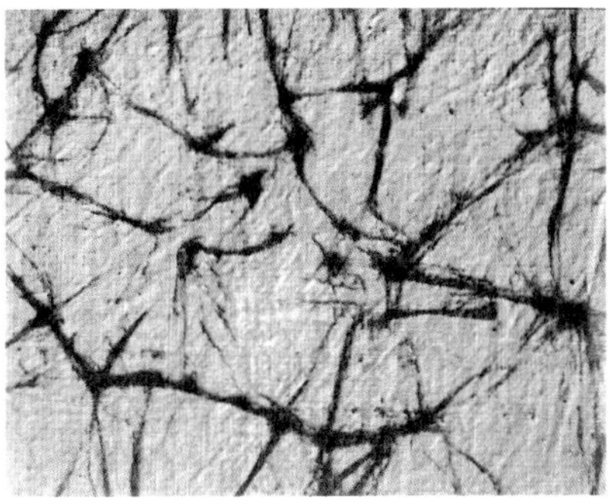

图 3-11 拧

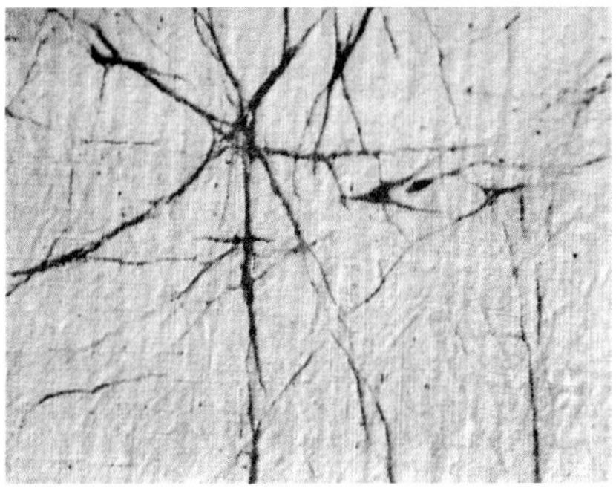

图 3-12 卷

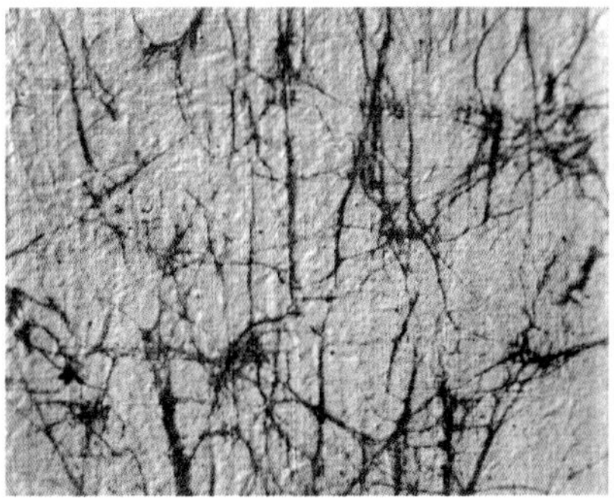

图 3-13 压

中的薄糊，然后将笔浸入微热的蜡锅中与蜡一起加热片刻后将笔中的蜡搽出，再用手纸捋顺笔锋将笔伸入蜡锅中待蜡热后将笔拿出在报纸上将蜡搽去，捋顺笔锋即处理完成。

描蜡时，一般画细小的部分应选用小型号的笔，但由于小型号的笔中蜡的含量较少，蜡冷却得较快，所以往往画细小的部分时也选用中号左右的笔，这样画蜡时虽然增加了一定的难度但蜡防的效果会更好，多加练习也不难掌握。

描蜡时要将笔毛全部浸入蜡液中，这样可以使蜡温保持长久，但要注意不使笔尖碰到锅底以免损坏笔尖。

（七）蜡染制作程序

蜡染制作时先将布绷到画框上，然后放稿。绷布时

图 3-14 蜡的熔解具

尽可能做到平整、自然，不要绷得过紧或过松。过紧容易走形；过松则容易造成染料局部的积存，影响画面效果，也不利于描画。接下来是描蜡阶段。描蜡是蜡染中不可忽视的环节，因为描蜡直接关系到笔意、关系到形的表达，也直接影响到作品的完成效果。描蜡前应做到心中有数；先画什么后画什么、怎样画，每次描蜡都要认真对待。并在一定时间内屏住气、运好笔，既要使蜡能准确的描绘形象，又要使蜡能“力透纸背”达到良好的防染效果。

描蜡时蜡锅中的蜡液要保持在七八成，因为蜡液太少影响蜡温的持久，保持蜡温的稳定使蜡液尽可能较长时间的保持状态的一致性以便于描画。

描蜡完成后即可以进行下一步的染色。染色方法有笔描染、刷染、浸染等。笔描染染色时一般是由浅入深循序渐进，这样做有两点好处：一是容易把握尺度不容易染过头，因为如果不慎加深、加过了想挽回就比较困难。二是染色效果也更理想，因为经过循序渐进、多遍充实起来的染色作品显得色彩更饱满、浑厚、更耐人寻味。要通过不断的实践、体会逐步加深蜡染制作的经验、技巧。

蜡染的制作可以根据创作构思、设计采用勾线填色、平涂、晕染渐变、印捺等不同的表现技法及多种技法间的结合并用。染色完成后进行固色等后处理，根据染料的不同固色方法也不同。蜡染作品的制作往往要经过多次的制作才能够最终完成。

（八）脱蜡

脱蜡一般采用开水去蜡法、电熨斗去蜡法。去蜡时可以适量地加入洗剂以更好地去除蜡液。电熨斗去蜡法是较为简便的一种脱蜡法，脱蜡时借助于报纸将蜡吸去。这种脱蜡法的不足之处是很难将蜡去得彻底，可以作为一种补充手段。（图3-15~图3-20）

图3-15 绷布

图3-16 放稿

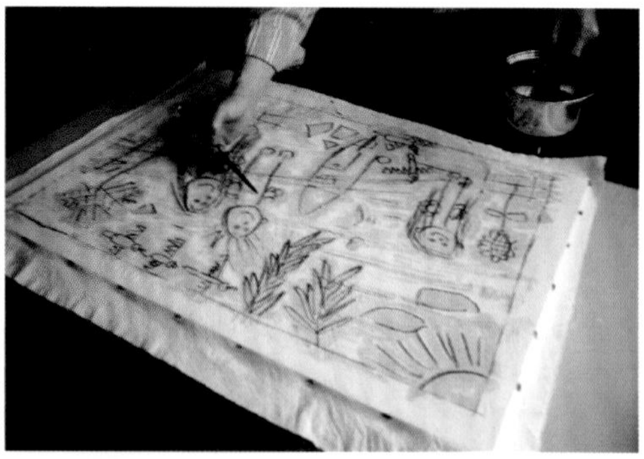

图3-17 描蜡

图3-18 绘染

图3-19 投洗

图3-20 完成作品

二、表现技法

蜡染的表现技法主要体现在上蜡与染色两大方面。上蜡与染色方法的不同会产生不同的画面效果，不同的上蜡方法与不同的染色方法的结合构成了多种多样的表现技法。

（一）毛笔画蜡法

毛笔画蜡法是蜡染中最为常见的一种方法，即用毛笔蘸蜡描画。描画时可用笔的中锋、侧锋，也可以用皴、擦、点、撮等不同的笔法。用中锋画线圆浑有力；侧锋线更显边缘齐整。根据表现的需要采用不同的笔法使它们各尽所能发挥各自的功用。毛笔画蜡法要运用自如、恰到好处并非易事，这其中包括了作者对作品的理解、对蜡与笔的熟悉与掌握以及运笔的功力等诸多因素。（图3-21）

（二）漏斗笔画蜡法

用铜制漏斗笔画蜡的技法。漏斗笔的特点在于它可以用来描绘比较精细的线；像表现富有弹力的铁线、柔中带刚的电线以及表现雨丝、植物的叶脉、花纹等。（图3-22）

（三）蜡刀画蜡法

蜡刀是我国少数民族地区蜡染广为使用的用具。它由铜片手工制成，可以描绘出精细、工巧的线，富有表现力。（图3-23）

（四）版蜡染技法

版蜡染是将刻有图形的木版、胶版以及其他材料经过刻形后蘸蜡液印到布上而后染色的技法。它以刻代笔表现笔所难能描绘的效果。（图3-24）

（五）泼洒蜡液法

将蜡液通过某种用具如毛刷、金属线刷等经过弹、泼、洒等手段制造一些效果，其特点是形象自然、随意，一般用于某种气氛的渲染。（图3-25）

（六）喷蜡法

用金属制喷壶喷绘蜡液的技法。用于特殊效果的制作。（图3-26）

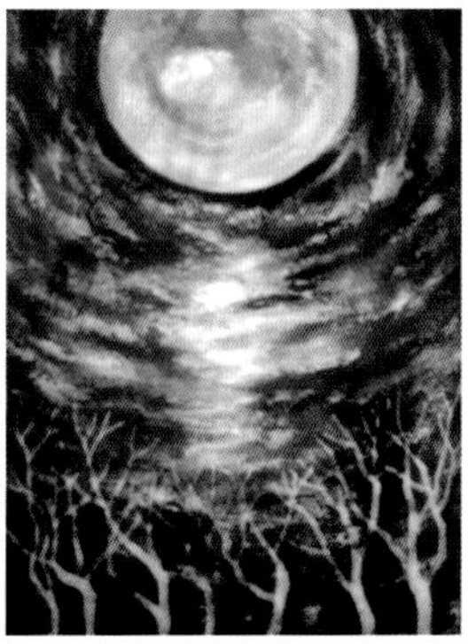
图 3-21 毛笔画蜡

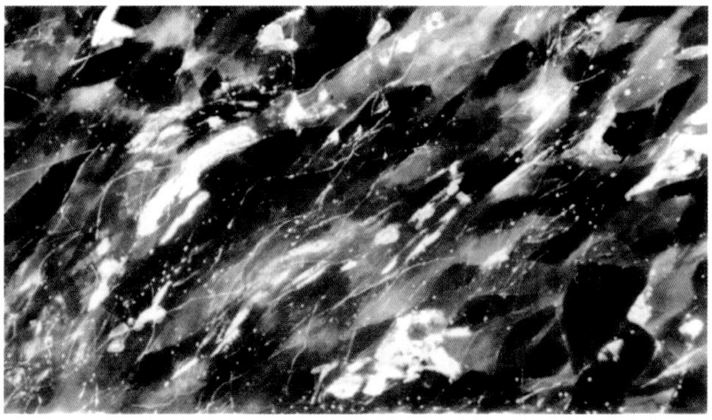
图 3-22 漏斗笔

图 3-23 蜡刀

图 3-24 版蜡染

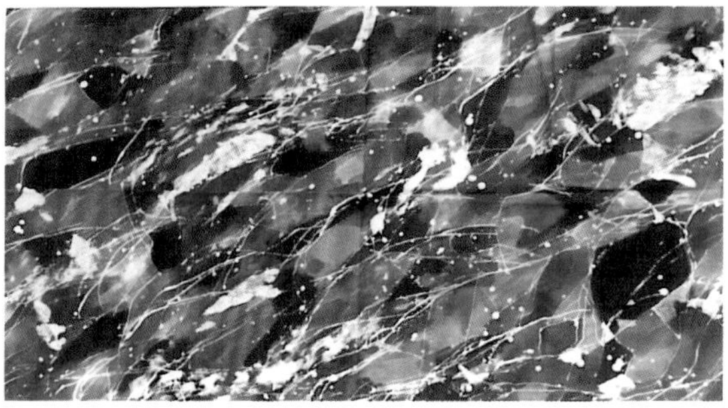
图 3-25 拨洒蜡液

图 3-26 喷蜡法

图 3-27 龟裂纹

图 3-28 勾线填色

图 3-29 块面染色

(七)龟裂纹制作法

龟裂纹的表现技法多种多样,前面已经提到,这里补充一点:可利用冰箱增强蜡的硬、脆度,便于龟裂纹的制作。也可加些松香使蜡更脆。(图3-27)

(八)勾线填色法

用毛笔、蜡刀、漏斗笔等描画蜡线而后填色的技法,类似于国画中的工笔画法。蜡线既可以是留白也可以再着色,填色既可以是平涂也可以用晕染、渐变等方法。(图3-28)

(九)块面染色法

用毛笔等画蜡线而后填色,但在接下来的制作中蜡线并不被保留而是统一在色块中,作品完成时只看到由色块组成的画面,蜡线只是作为一种防染手段。(图3-29)

(十)晕染、渐变表现法

晕染、渐变的表现效果主要是通过染料的深浅、浓淡的变化得来。其中颜色的衔接、自然过渡是要注意的问题。最好事先调配好几个主要的过渡色以便于衔接。(图3-30)

图 3-30 晕染渐变

第二节
糊染

糊染是以脱脂米糠和糯米粉为原料制成的糊作为防染剂染色的技法。在日本糊染有着广泛的应用，如：京友禅染（图3-31）、加贺友禅染（图3-32）、冲绳的红型（图3-33）等。糊染与民间蓝印花布（图3-34）用浆料防染有着密切的关联，作为现代染色的表现技法之一，糊染有着独特的表现力。

首先糊染的原料来自于大自然：脱脂米糠、糯米粉这种质朴、充满乡土气息的原材料。糊染在制作时没有蜡染制作时所带来的异味，这可以说是它的一大长处。糊染的艺术特色首先在于它特有的“糊气”、醍醐味，其次在于它表现自然肌理方面丰富的表现力。

在以糊作为防染剂染色的技法中有将糊倒入糊筒描糊染色的筒描技法，有使用型纸涂糊染色的型染技法，也有将糊中加入染料即以色糊染色的捺染技法，或直接用笔蘸糊进行描绘防染的糊染技法。

一、筒描

将防染糊倒入由型纸（一种耐水、耐抻结实耐用的纸）等做成的糊筒里（糊筒呈锥形），通过用手挤压进行描绘防染的技法。糊筒在使用前要先在水中浸泡使之柔软再使用。将糊倒入糊筒时不要倒得太满以免挤压时糊容易从上面挤出。筒描时主要是靠手对糊筒的控制，其中糊的稠度适当也很重要。为加强糊线的防染力，描糊时尽可能地使糊线的量饱满，特别是在细线的描绘时更要注意筒内空气的排除使描绘顺畅。描糊时还要充分注意糊与布的密接关系，如果防染糊不能充分浸透于布中会影响线的防染效果。（图3-35~图3-38）

描糊晾干后即可进行下一步的染色。染色的方法有浸染、笔描染等。如果选择的是蒸固色的方法要注意如下的问题：根据作品的大小选用蒸箱、蒸筒、蒸锅。选用

图3-31 京友禅染

图3-32 加贺友禅染

图3-33 冲绳的红型

图3-34 蓝印花布

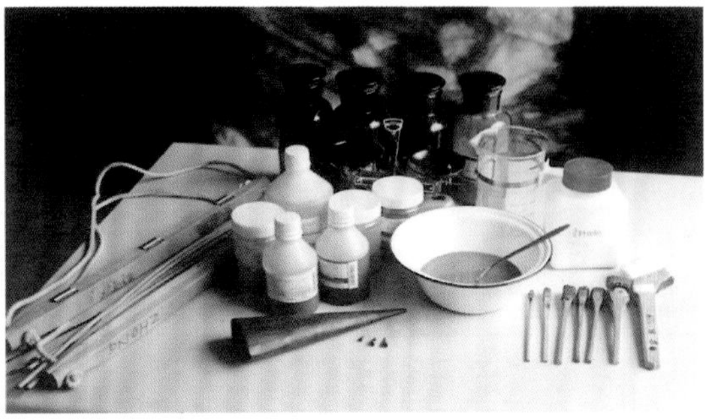

图3-35 筒描用具

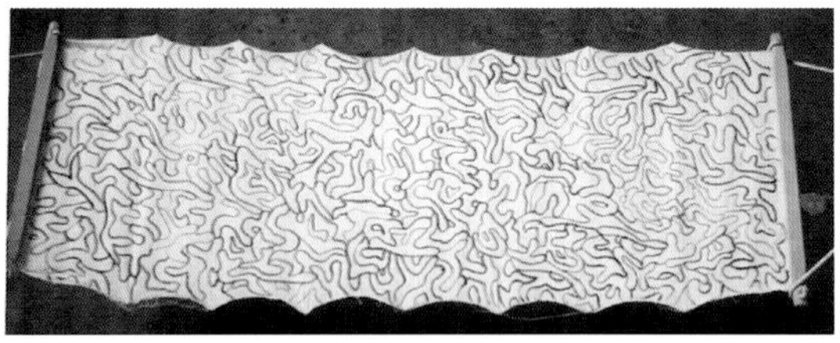

图3-36 筒描线稿

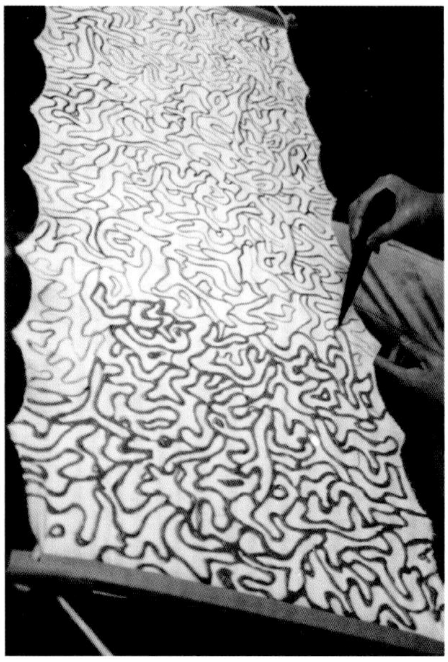

图3-37 筒描描糊

图3-38 筒描制作中

图3-39 上下衬报纸

图3-40 十字捆绑

图3-41 吊蒸

图3-42 蒸状

图3-43 筒描作品（局部）

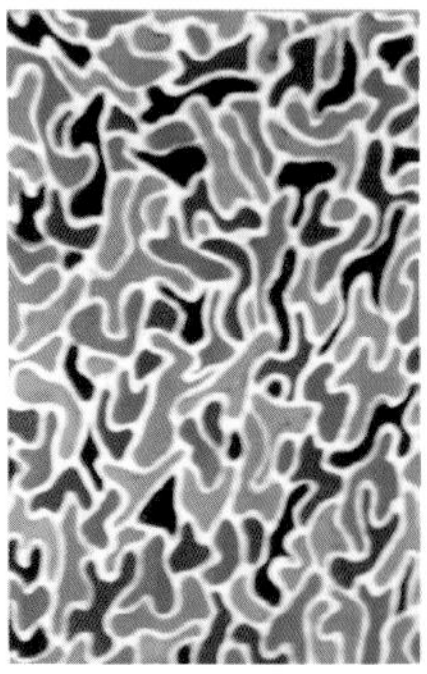

图3-44 筒描作品（局部）

蒸锅时将作品的上下衬上报纸，折叠到能放入蒸锅内的大小，用布包好再十字捆绑好后吊入锅内（注意不要碰到锅的内侧），用毛巾等封好盖上锅盖蒸。然后水洗、开水洗、去糊、去浮色、水洗晾干。（图3-39~图3-48）

二、型染

在型纸上雕刻纹样、形象，将刻有纹样、形象的型纸作为底样涂糊、染色的技法。

型染制作时首先要用型纸刻形。刻形时先将画稿移写到硫酸纸上，再将其附在型纸上用刀刻出。刻好的型纸还要进行贴纱补强处理。这是因为刻有纹样、形象的型纸容易变得零碎，纹样、形象之间的连接软弱，同时也是为了涂糊时避免刮板直接刮到型纸上而做的补强处理。贴纱的方法是将纱放在刻好的型纸上，用合成涂料涂刷，使纱粘贴在型纸上，干燥后裁好即可用于涂糊染色。（图3-49、图3-50）

涂糊前要先将布裱糊在平板上，将型纸在水中浸泡30分钟左右后，用报纸吸去表面的水分，然后将型纸用锥

图 3-45 简描作品 孙泓玉

图 3-46 简描作品（局部）

图 3-47 简描作品（局部）

图 3-48 简描作品（局部） 屈维

图 3-49 型纸

图 3-50 型染用具

针固定在布上进行涂糊。涂糊时要将型纸的边缘掀起一些以防止糊涂出纸外。涂糊后即可将型纸拿起，拿起时要拿住对角，垂直拿起以防止型的破坏。型纸用过后还要进行洗刷以便再用及保存。洗刷时型纸要平放、用流水冲洗，也可以用小刷子轻轻洗刷。涂糊完成后将布从糊板上揭下来晾在绷布器上，与筒描一样进行喷雾、用长尺刮的处理，使糊能充分浸透于布中。由于此时的糊还处于湿软状态要特别小心以防止型的破坏。晾干后即可进行染色。（图3-51~图3-70）

型染的染色主要有绘染、浸染。绘染时可以用平涂、晕染等多种表现技法。染料如直接染料、酸性染料、活性染料等都可以用于型染。

图 3-51 型染制作线稿

图 3-52 过稿

图 3-53 刻形

图 3-54 刻形

图 3-55 型纸雕成

图 3-56 贴纱用具

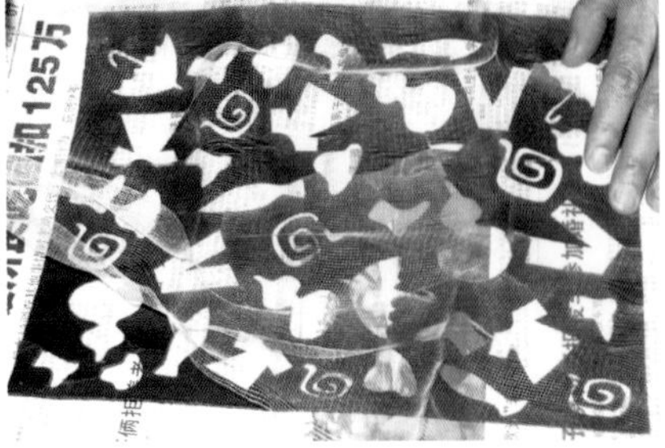

图 3-57 裁纱布

图 3-58 调漆

图 3-59 涂漆贴纱

图 3-60 剪裁

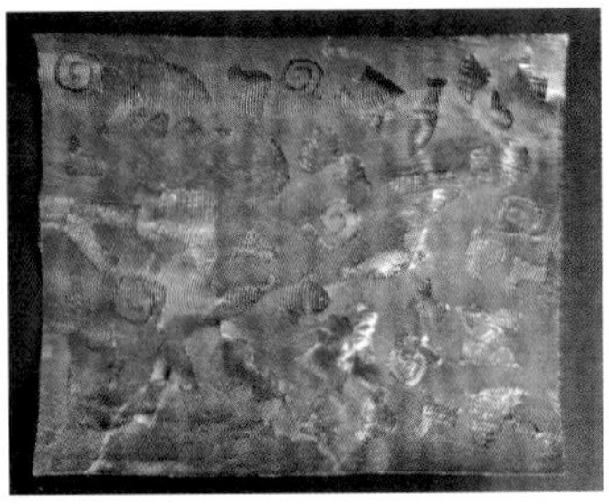
图 3-61 贴纱完成

图 3-62 调糊

图 3-63 调糊完毕

图 3-64 置型纸于布上

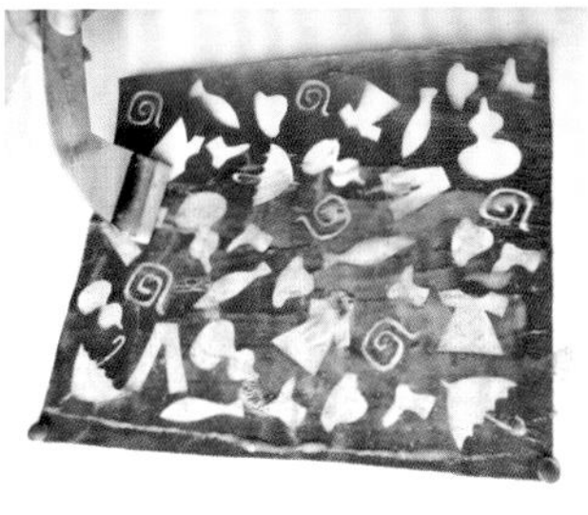
图 3-65 涂糊

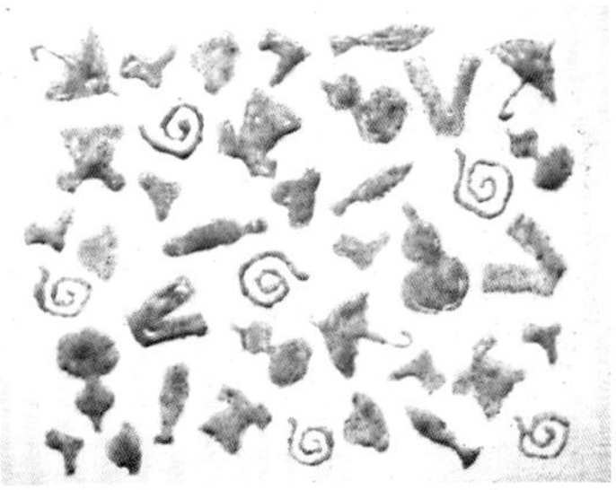
图 3-66 涂糊完成状

图 3-67 型纸洗净

图 3-68 绘染

图 3-69 晾干

图 3-70 完成作品

与蜡防染不同，糊防染时染液容易渗入防染糊内，所以用笔、用色都要特别加以注意。绘染时笔的含色不要太多、反复运笔时要留意糊的状态（是否牢固等）、下笔时也要尽量做到心中有数、干净利落。

型染固色后水洗时先用刷毛除去浮在糊上的染料，然后在水中浸泡一小时左右使糊膨软，将布展开用毛刷将糊刷洗掉再水洗、晾干。

型染的艺术特色主要体现在刻味上。由于型染的纹样、形象是通过刻刀刻出来，因而它有别于直接描绘，给人一种雕刻的韵味。（图3-71，图3-72）

三、型绘染

将刻好的型纸置于布上直接用笔依形染色的技法。它类似于型染，但与型染不同的是不用糊防染，因而免去了贴纱、刮糊等程序。由于是用型纸刻形后直接染色，因此在作品的构思、设计及完成效果上都与型染不同。还由于型绘染是在刻好的型纸上染色，因此比起需要见笔的功力的手绘来说相对较容易掌握。它兼型染与手绘的特点，既不失型染的规整又可以通过绘染达到活泼、多变的色彩效果。型绘染多由分散的大、小块儿

图 3-71 型染作品

图 3-72 型染作品

图 3-73 型绘染鱼稿

图 3-74 线稿

图 3-75 刻型

图 3-76 型版 3

图 3-77 型版 1

组成，因此染色后干燥较快，在制作时间上可以说是省时、快捷。

型绘染的材料、用具主要有型纸、刻刀、垫板及绘染用笔、染料等。型绘染的型纸雕刻与型染的型纸雕刻基本相同， 只是不宜太碎，太碎则操作起来比较困难。雕刻时先将画稿中不同的色形分别描画在硫酸纸上，然后将其附在型纸上雕刻，根据色数的多少需要几张有时甚至是几十张型纸。

型纸在使用前要充分浸泡使之平展，染色时左手要按住型纸以免错位走形。染色时用笔要像画圈一样呈弧线运动，使染料能够均匀准确地填入形内。笔的大小要根据形的大小变换，以避免出现染斑。调色时色的量要够，否则不够时再加调颜色很难达到一致。染色的过程中要一色干后再染另一色。染色完成拿起型纸时要拿住对角线，以避免弄脏画面。而后自然干燥，处理完成。（图3-73~图3-83）

图3-78 裱布

图3-79 绘染

图3-80 一版绘染示意

图3-81 二版绘染示意

图3-82 完成作品

图3-83 型绘染作品（局部）

四、捺染

型染时将防染糊中加入染料调成色糊制作作品的技法。如果说染料直接作用于布的浸染、笔描染可以称作为直接法的话，那么捺染可以称作为间接法。捺染同型染的制作大体相同，只是色糊的制作要加以说明。

在调色糊之前要先将原糊做好。捺染使用的原糊与糊染使用的原料相同。作原糊时要注意的是糊的稠度，因为染料是在溶解后的液体状态下加入原糊，所以在做原糊时要保持一定的稠度，使加入染液后也不影响糊的最佳使用状态，否则会给制作带来很多不便。

捺染使用的染料一般常用的有直接染料、活性染料。直接染料的色糊制作时先将染料称好倒入容器中，用热水稀释后再用火煮沸使之熔化，最后加入元糊充分搅拌后即可使用。

上色糊时如果是多色要按先重色后淡色的顺序，一色干后再上另一色。最后上完底色后如果底色比纹样色重，要在干燥后的纹样部分再上一层白糊。如果不上底色而保持白底时要全体上一层白糊，这是为了蒸热固色及水洗时色糊容易污染白底而加以防止的目的。上糊之后筛上一层锯末防止糊的相互粘连，布的反面还需喷水以加强布与糊之间的黏合力。晾干后进行固色水洗等后处理。

捺染的艺术特色在手工印染的趣味上。由于捺染是形、色同时表现，因而它既有别于先型后色的型染，又不同于手绘而别具一格。（图3-84～图3-100）

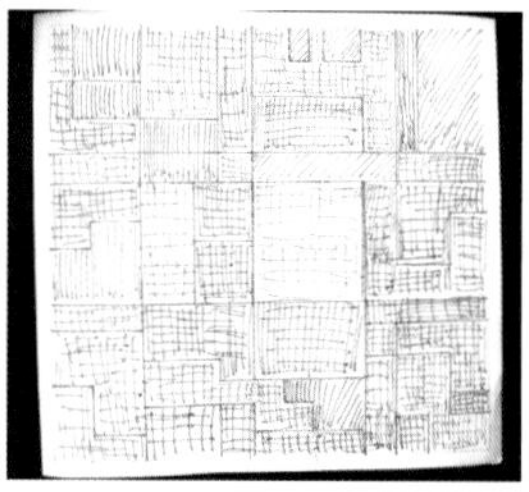

图 3-84 捺染分色稿

图 3-85 过稿

图 3-86 刻形

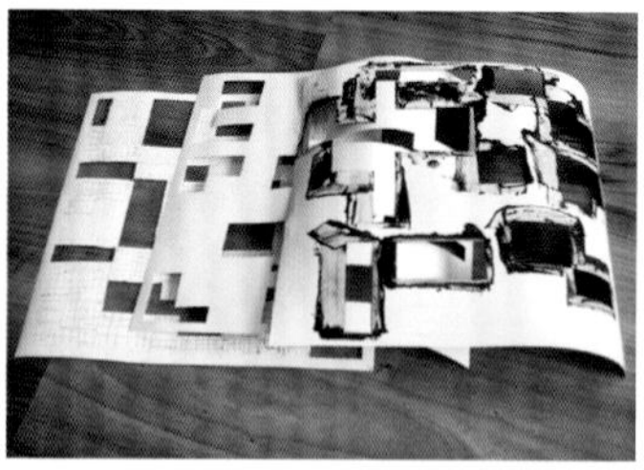

图 3-87 形版

图 3-88 调原糊

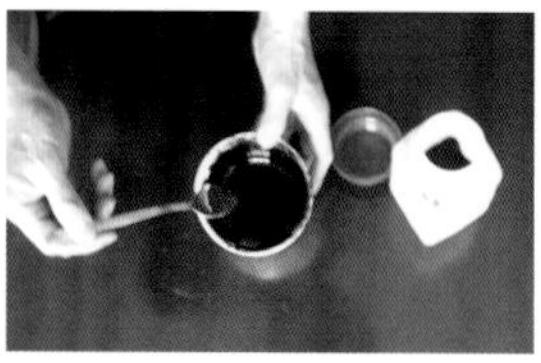

图 3-89 加入染料

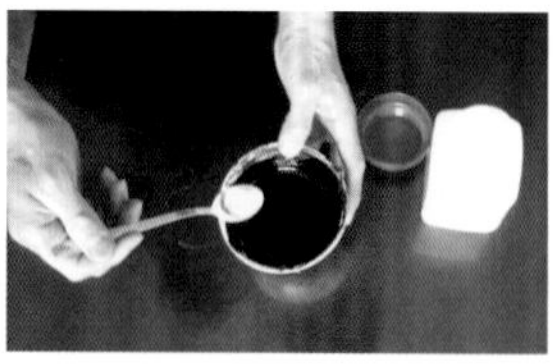

图 3-90 加入固色剂

图 3-91 加入海藻糊

图 3-92 调好的色糊

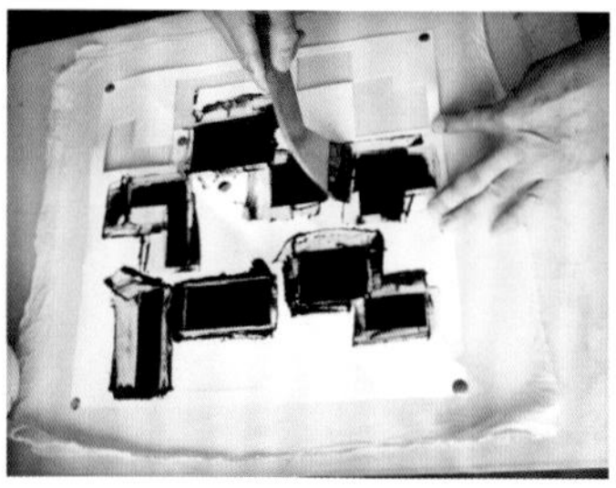

图 3-93 一色刮染

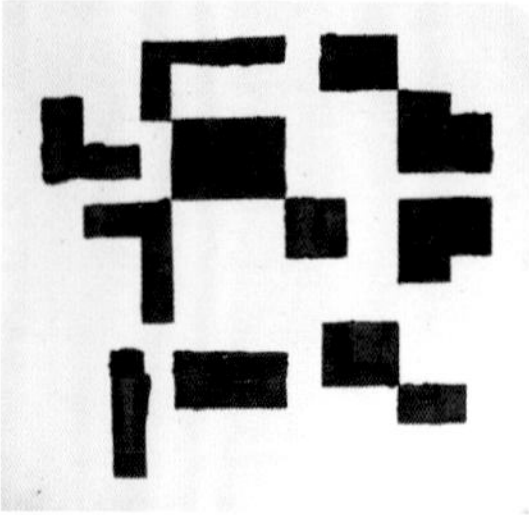

图 3-94 一色刮染后

图 3-95 二色刮染

图 3-96 二色刮染后

图 3-97 三色刮染

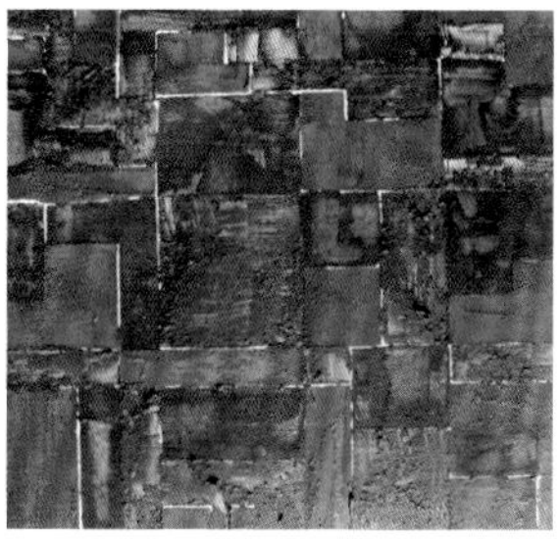
图 3-98 三色刮染后

图 3-99 完成作品

图 3-100 捺染作品 田中清香

五、糊染

用笔及其他用具蘸糊防染描绘是糊染的技法之一。它更容易发挥作者的个性特色，特别在绘画性的表现上有更大的空间。利用海绵、丝瓜瓤、纸团以及通过笔的皴、擦、点、撮（图3-101~图3-106）描绘各种自然形态、肌理表现等，如云、水、树木、山石、地表纹理及金属腐蚀效果（图3-107~图3-112）等。

糊染的表现技法多种多样，主要有：毛笔画糊法、油画笔画糊法、其他用具画糊法、蘸糊法、色糊表现法、糊

图 3-101 皴、擦

图 3-102 点

图 3-103 拖

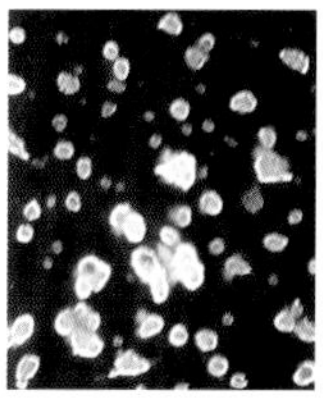
图 3-104 甩

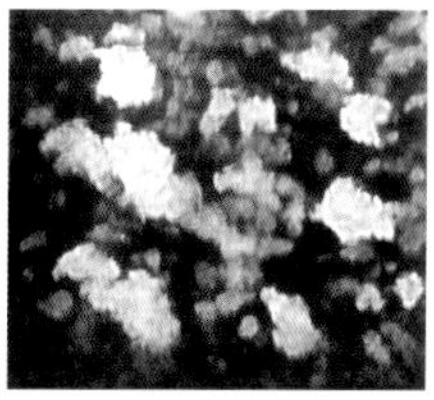
图 3-105 蘸

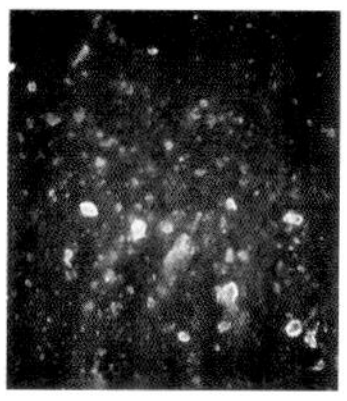
图 3-106 弹、泼

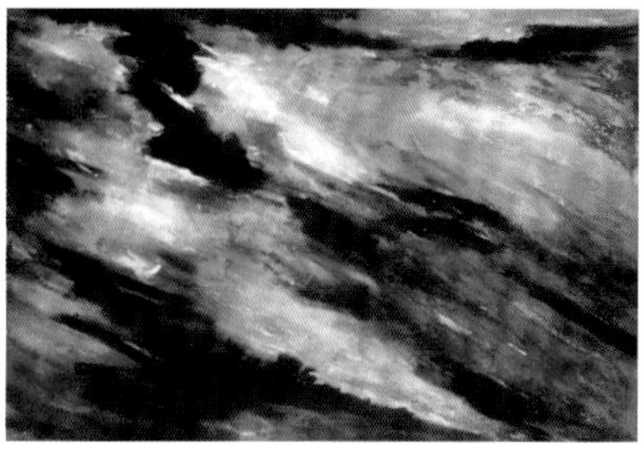
图 3-107 云

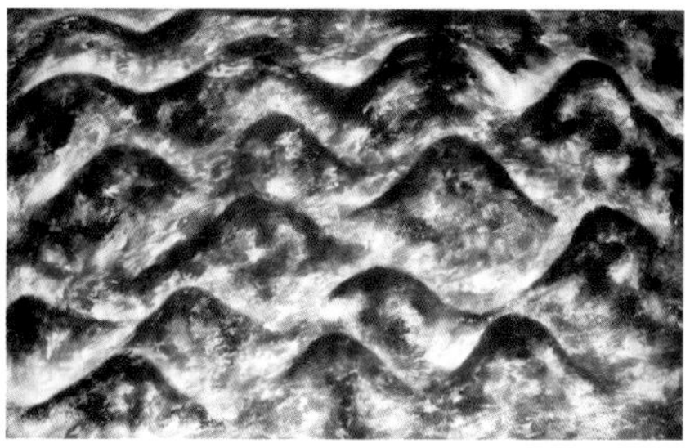
图 3-108 水

图 3-109 树木

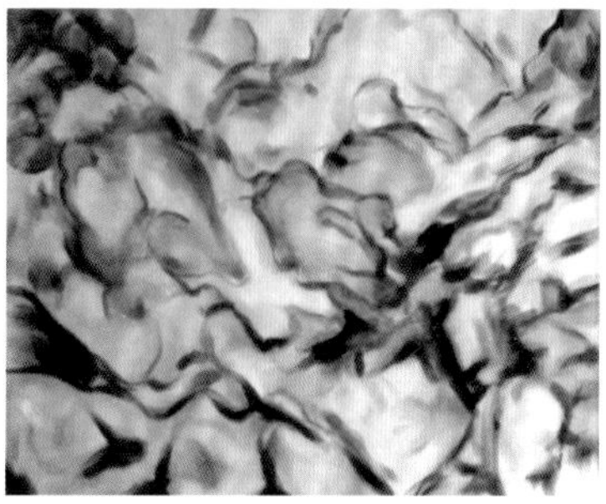
图 3-110 山石

图 3-111 地表

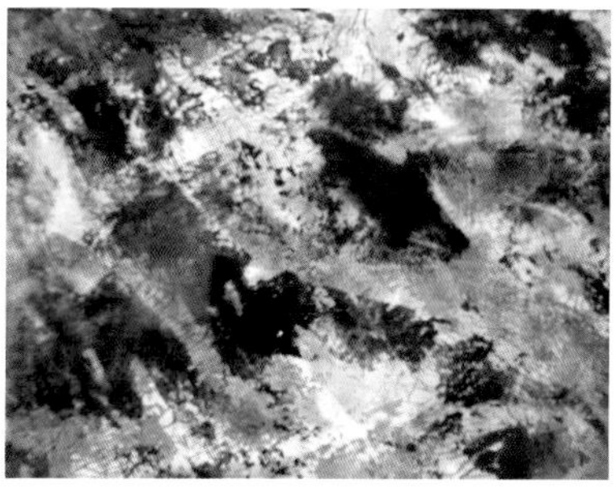
图 3-112 金属腐蚀

裂纹表现法、流糊表现法等。

(一)毛笔画糊法

用毛笔蘸糊绘画的技法。用于描绘物体、表现肌理。用毛笔画出的糊迹，软、绵、丰厚，适合表现柔弱、绵软的物体形象、肌理。(图3-113、图3-114)

(二)油画笔画糊法

用油画笔蘸糊绘画的方法。油画笔画湖笔迹平直、硬朗，笔触清晰、有力，适合于比较刚硬的物体形象、肌理等的表现。(图3-115、图3-116)

(三)其他用具画糊法

用油画刀、小勺等蘸糊绘画的技法。通过这些用具画出的糊迹、“笔触”，自由、随意、变化多端、丰富多趣，更适合于画家性情的抒发，也更具艺术表现性。(图3-117、图3-118)

(四)蘸糊法

用丝瓜瓤、海绵、揉搓后的报纸等蘸糊绘画的技法。这种技法多用于肌理的制作，可根据艺术表现需要，选择适当的用具。(图3-119、图3-120)

(五)色糊表现法

将原糊调入染料使之成为色糊，用笔或其他用具蘸色糊直接绘画的技法。由于是蘸颜色直接绘画，因此更接近于油画、粉画的色彩、笔触表现，也就要求更高。除了要具备“成竹在胸、一挥而就”的腹稿外，还要注意染料的不可覆盖的特性：即画出的重色不能变浅，因此要注意下笔的先后顺序，以免画错影响全局。这是糊染绘画与油画、粉画的不同之处。(图3-121、图3-122)

(六)糊裂纹表现法

像蜡染的冰裂纹一样糊染也可以制作冰裂纹效果。制作时将糊中糯米粉的比例减少，同时加大糠的比例，大约是3∶7的比例。施糊后放置至糊自然干裂形成糊裂纹。由于糊的比例、放置时间的长短以及施加掰、折、按压等不同手段，使糊裂纹的纹理、形象不同，产生丰富多样的糊裂纹效果。(图3-123)

(七)流糊表现法

利用色糊的自然流动形成纹理形象，用于画面表现。制作时将色糊涂于布上，然后将布垂直挂起，用喷壶

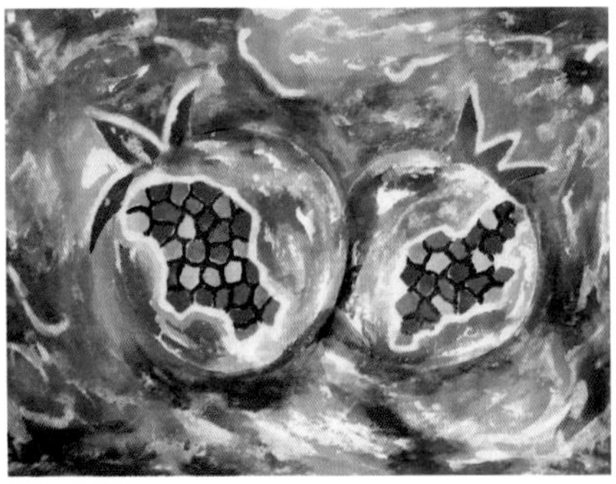

图3-113 毛笔画糊法

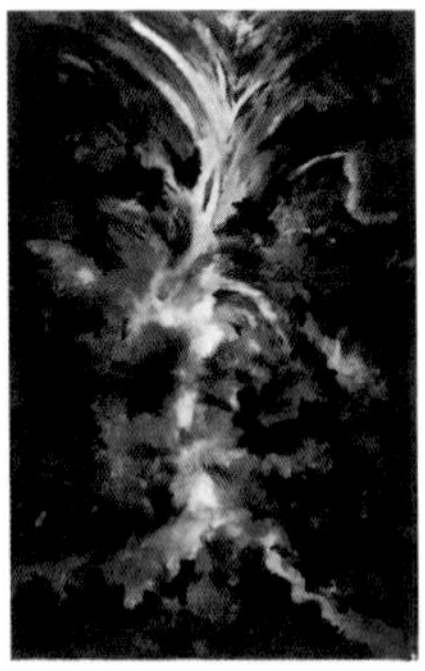

图3-114 毛笔画糊法

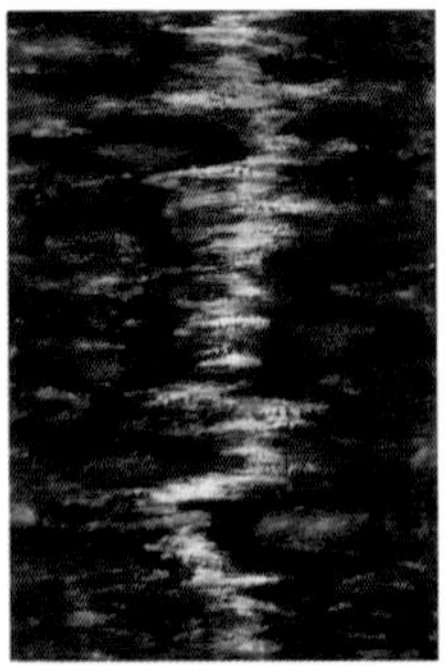

图3-115 油画笔画糊法

图3-116 油画笔画糊法

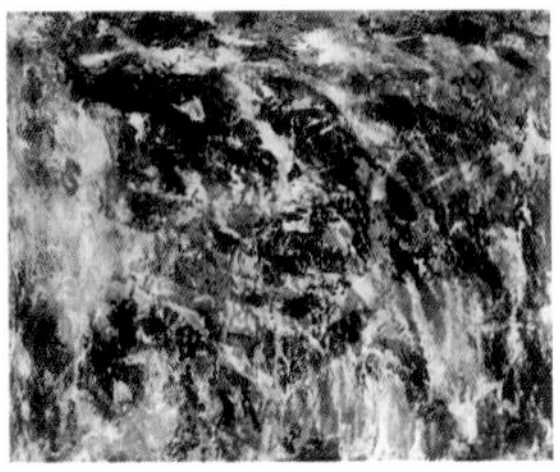

图3-117 其他用具画糊法

图3-118 其他用具画糊法

图3-119 蘸糊法

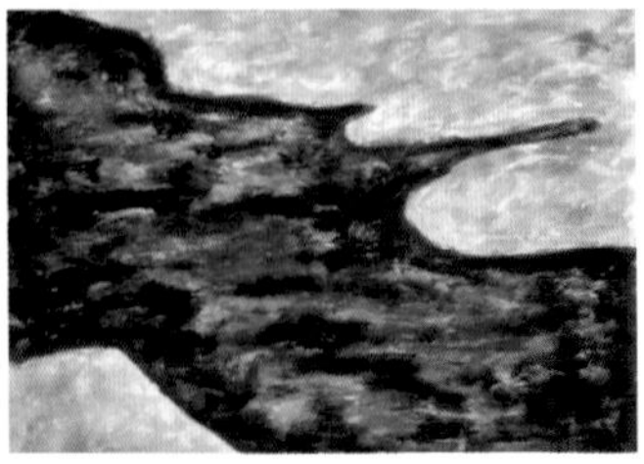

图3-120 蘸糊法

往色糊上喷水，使之自然流动，进而形成深浅不一、形态各异的纹理、形象。（图3-124、图3-125）

糊染的技法在实际的应用中不仅仅是单一技法的使用，还经常是多种技法的结合并用。如蜡染与糊染、筒描与手绘、扎染与糊染等。（图3-126~图3-131）

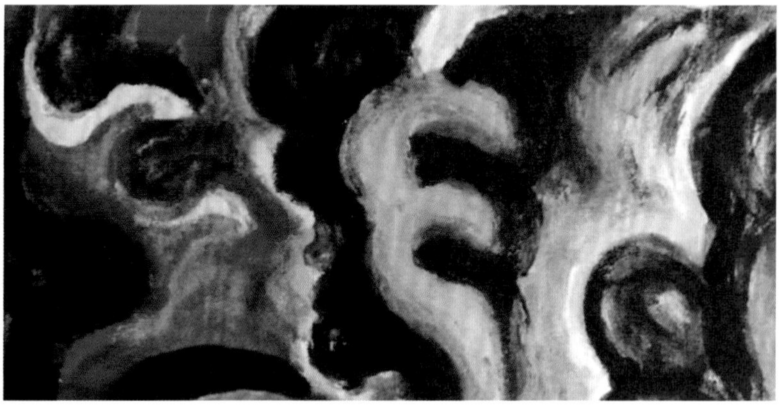

图 3-121 色糊表现法

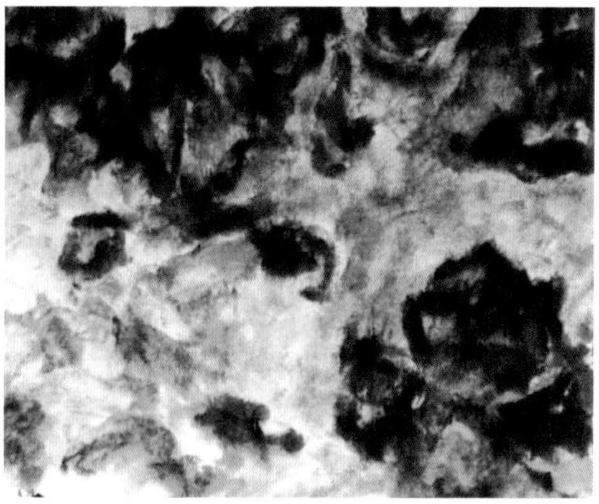

图 3-122 色糊表现法

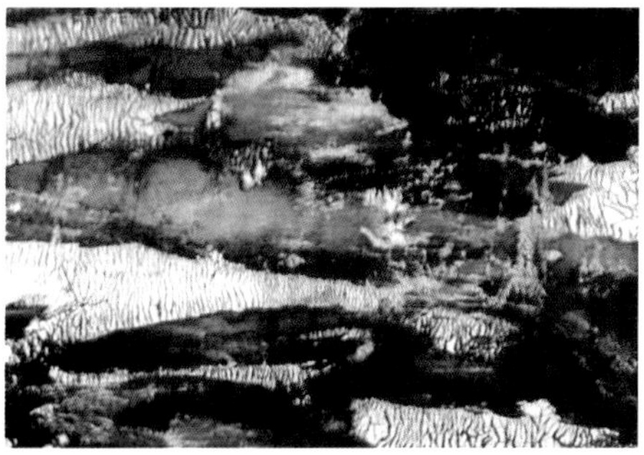

图 3-123 糊裂纹

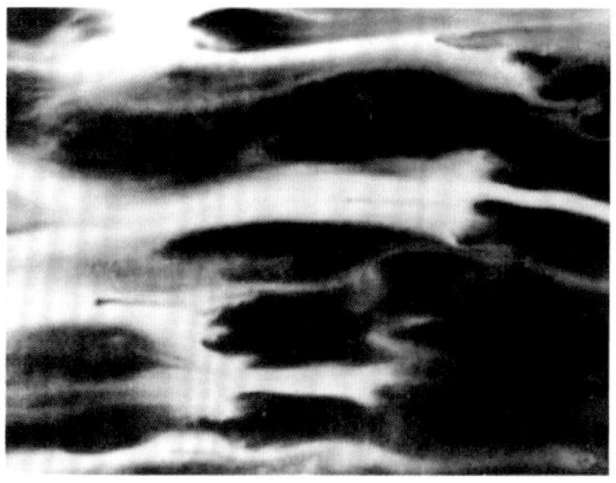

图 3-124 流糊表现法

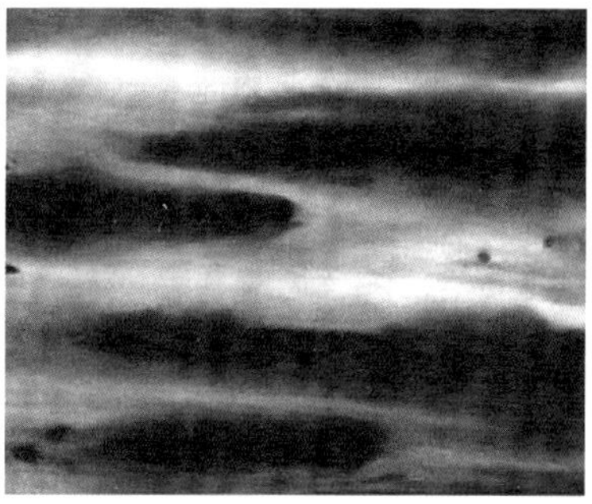

图 3-125 流糊表现法

图 3-126 综合表现法

图 3-127 蜡染与糊染并用

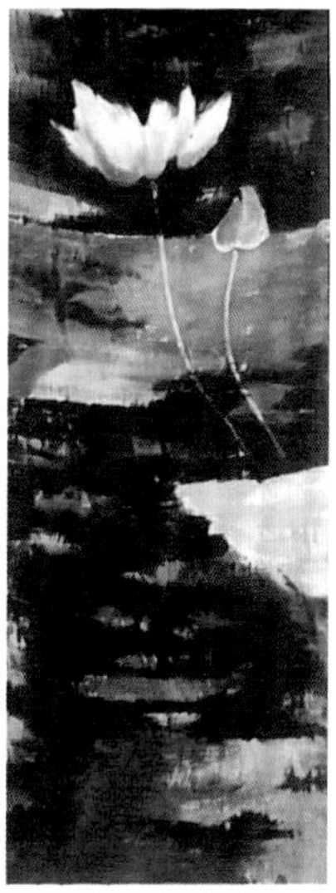

图 3-128 筒描与手绘并用

图 3-129 扎染与糊染结合

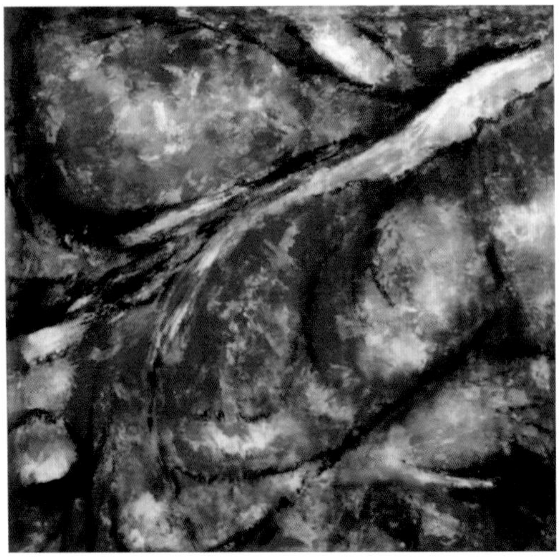

图 3-130 糊染与手绘并用

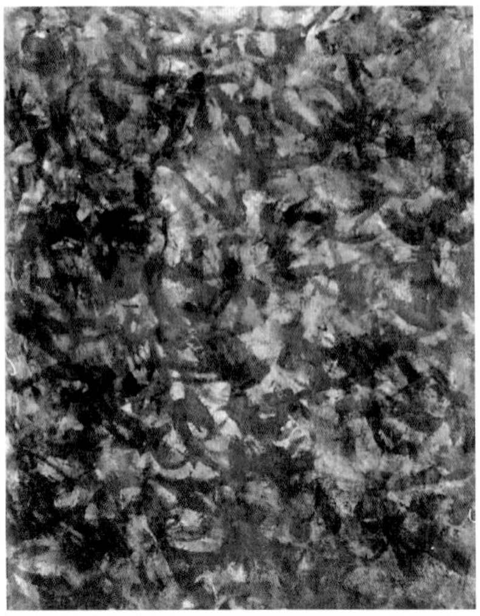

图 3-131 糊染与手绘并用

六、防染糊的制作与其他

（一）防染糊的制作

防染糊的原料为糯米粉及脱脂米糠，使用时尽可能两者都选用精细一些的。制作方法是将糯米粉与米糠以4∶6的比例称好（4∶6的比例也称“4分6的糊”，是一般常用的比例，根据糊染的不同技法及使用目的的不同糯米粉与米糠的比例可随之变换）。用筛子筛一筛去掉杂质装入容器，搅拌均匀后加水搋揉，揉到不沾手时即可。捏成直径8厘米左右的环状用布包好放入蒸锅，蒸60分钟左右再放入容器中加水捣练，使之成为柔软的糊状。加入适量的盐（盐能将空气中的湿度加以适度吸收，涂糊后能起到防止糊干裂及防腐作用）。盐不要过量，过量则容易渗出，并在糊的周围形成染斑。最后加入少量石灰水使糊变成黄色，充分搅拌后完成（消石灰主要起防腐作用，但也要注意不要过量，过量则会影响糊的黏度）。制成的糊用勺子提取后呈自然垂线、连绵不断的状态。落下的糊堆成自然消失的程度。糊保存时将糊封好放入冰箱可保存较长时间。（图3-132~图3-174）

（二）糊板（型板）用糊的制作

型染时要将布裱糊在平板上以为平整、稳固便于制作。这种裱糊时使用的糊与防染糊的制作不同，只需糯米粉即可。做法是将筛过的糯米粉放入容器中加温水搋揉，揉到防染糊制作时的程度，捏成一个个小面饼或小面团放入热水锅中煮。煮到小面团从沉入锅底到浮上来再沉下的程度就煮好了。煮好后放入容器中捣练，适当加水使之成为糊状，使之柔软适度（太软黏着力不强，太硬则刮糊时吃力，与防染糊的柔软程度大致相同或略软一些）。（图3-140、图3-141）

（三）糊板的制作

糊板是裱布时用的板。在裱布之前要先将糊板准备好。糊板可选用9~12厘米的胶合板，尺寸尽可能略大一些以便于较大作品的制作。板的干燥程度要好、板要平，要先进行洗净处理，而后干燥。

糊板准备好后就要在板上涂糊，也就是刮糊处理，以为裱布之用。刮糊要进行两遍。将糊用刮板均匀地平铺一层，糊的厚度大致在一毫米左右。第一遍糊干后再进行第二遍。因为第一遍的糊大部分被板所吸收，糊只是起到了将板纹填平的作用，第二遍的糊才能起到裱布的作用。

（四）布的裱糊方法

糊板进行刮糊处理后就可以进行下一步的裱布程序了。裱布时先将干燥的糊板喷雾使之湿润，用板刷将水刷匀，把布卷在用报纸等做成的轴筒上，将布渐渐展开粘贴于糊板上。裱糊时要注意将空气排除，使布平整地裱糊在板上。

（五）豆汁的使用及制作方法

作品在制作之前通常要将画布刷一遍豆汁。豆汁由大豆制成。大豆的主要成分蛋白质，能使空气中的碳酸瓦斯等不溶性的物质起化学变化，充分干燥后能增强染色力，防止染料对防染糊的渗透，特别对于糊染来说是不可欠缺的。豆汁可以买到现成的制品，也可以动手制作。制作的方法是：先将大豆在水中浸泡之后捣碎，用布过滤，过滤出的乳白液即为豆汁。使用时加水调和。

豆汁的使用根据季节的不同浓度也随之改变。夏季浓度低一些，冬季浓度高一些。通常的配比为10~30粒，水180毫升。大豆粉7~20克，水180毫升。豆汁的使用也不宜过浓，过浓则防水作用过强，染料不容易浸透纤维，使染色只停留于表面，染色效果会受到影响。

刷豆汁时还要注意刷匀，正面刷完反面再用空刷刷，最后正面也用空刷刷一遍，使豆汁完全浸透于布中。（图3-142~图3-144）

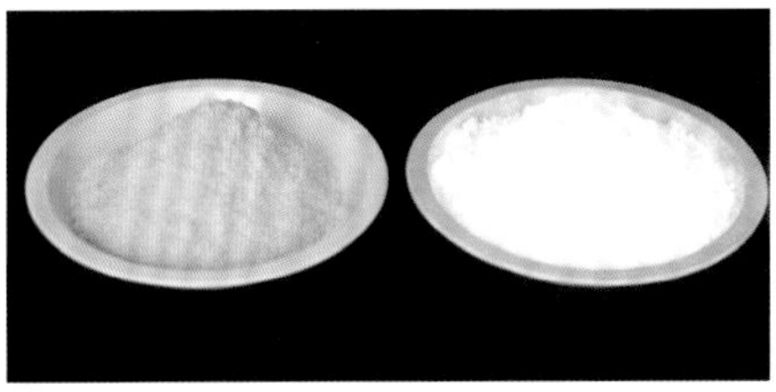
图 3-132 糊材料

图 3-133 掺和

图 3-134 搋揉

图 3-135 蒸前状

图 3-136 蒸后加水调糊

图 3-137 加入盐

图 3-138 加入消石灰

图 3-139 调好的糊

图 3-140 糊板用糊的制作

图 3-141 制成的糊

图 3-142 豆浸泡

图 3-143 捣碎

图 3-144 挤汁

第三节
扎染

扎染古代称之为绞缬，是一种古老且具有无限生命力的艺术。今天它之所以受到人们的喜爱，除了它古朴、清新的风貌外，在现代艺术表现上的无限潜力赋予它新的活力。它不断以新的内容、新的表现形式、新的色彩感觉走向我们的现代生活，像扎染画、扎染艺术装饰、扎染生活实用品等。

扎染的艺术特色在于它非笔所能的“鬼斧神工”、妙趣天成、意外之境，往往给人以新奇、独特、非凡等感受。通过色与色之间的相互渗透、流动、撞击所产生出来的色彩斑斓、色与色之间的相互交融给人以无穷的遐想与魅力。

扎染的魅力还在于它在制作过程中所带给作者的那种愉悦。由于扎染是不拆线、不打开不知道结果的艺术，所以拆线过程中的那种期盼、猜想、忐忑不安会令你激动不已，这种愉悦是其他艺术所难能体会到的。可以说扎染是一个奇妙的世界。（图3-145、图3-146）

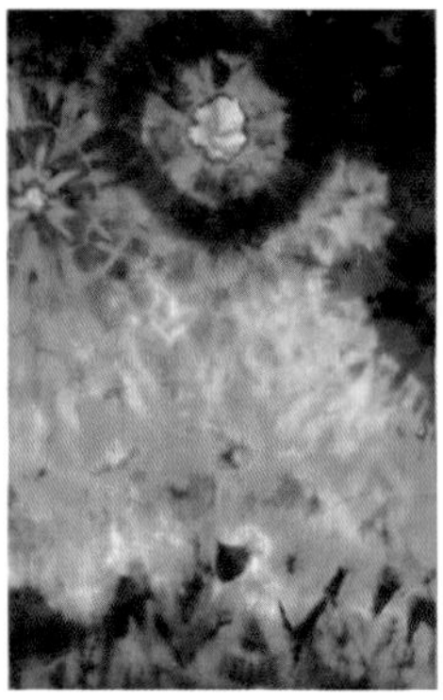
图3-145 扎染 山花烂漫

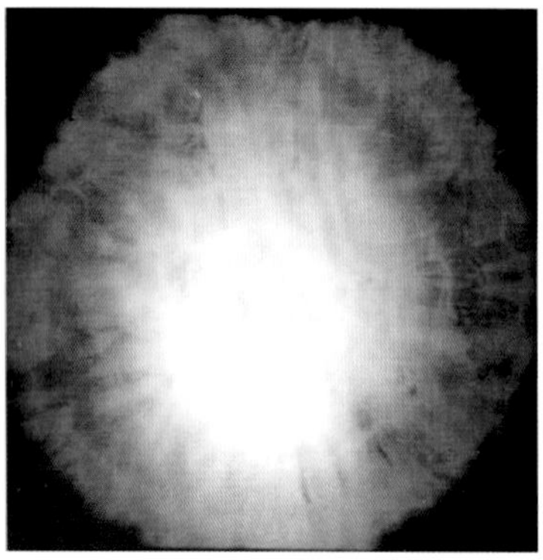
图3-146 扎染 月朦胧

一、扎结方法

扎染主要是通过线、绳对布的捆扎后在捆扎的部位形成防染，经染色后所得纹样、形象即为扎染。扎染的技法多种多样但基本可以归纳为三大类型：针线缝扎法、绳线捆扎法、器具法。（图3-147）

（一）针线缝扎法

将所要表现的纹样、形象利用针线缝扎的技法。针线缝扎的特点是纹样、形象比较精细、准确，特别是在表现细小的纹样、形象上颇具表现力。针线缝扎法也适合于细小纹样、形象的群体、组合表现。针线缝扎法包括针法的不同运用，如：平针、错针、自由针法等。（图3-148~图3-155）

（二）绳线捆扎法

将所要表现的纹样、形象用绳线捆扎染色的技法。绳线捆扎的特点是比较粗放、活泼、自由。如果说针线缝扎容易体现线的效果，那么绳线捆扎则色晕效果更为明显；针线缝扎能够较清晰地体现轮廓、形的话绳线捆扎的轮廓、形则相对朦胧。绳线捆扎可以依形捆扎也可以任意捆扎，既可以制作小幅作品也可以制作较大的作品。（图3-156~图3-163）

（三）器具法

利用一些器具进行夹、压、包、捆绑等而后染色的技法。

夹可以用竹夹、木板、夹钳等用具将布叠成一定的形状后夹住用绳线捆绑或直接投染。（图164、图165）

图 3-147 扎染用具

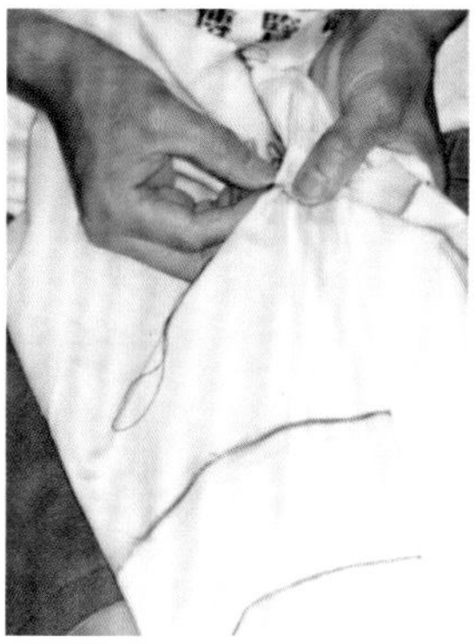
图 3-148 针缝法

图 3-149 平针

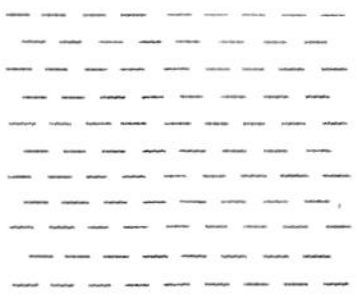
图 3-150 错针

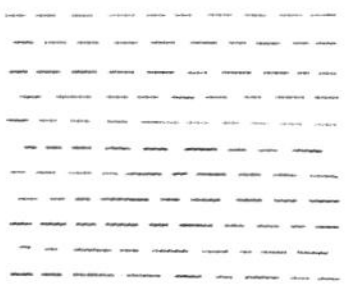
图 3-151 自由针法

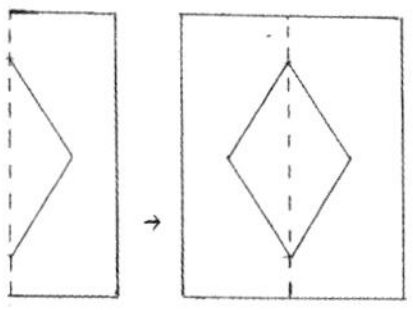
图 3-152 对折

图 3-153 缝后示意

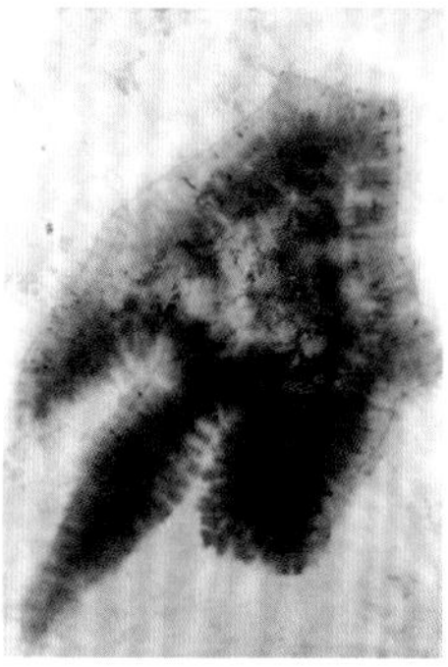
图 3-154 针缝作品（局部）

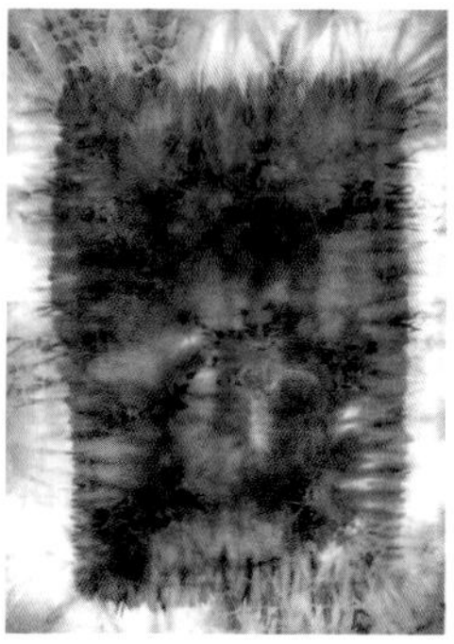
图 3-155 针缝作品（局部）

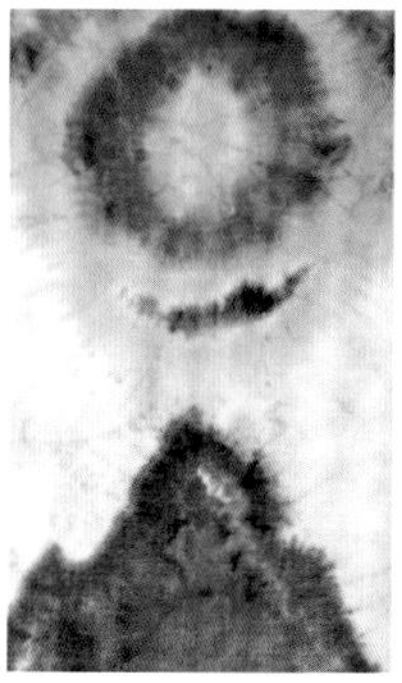
图 3-156 依形捆扎法作品

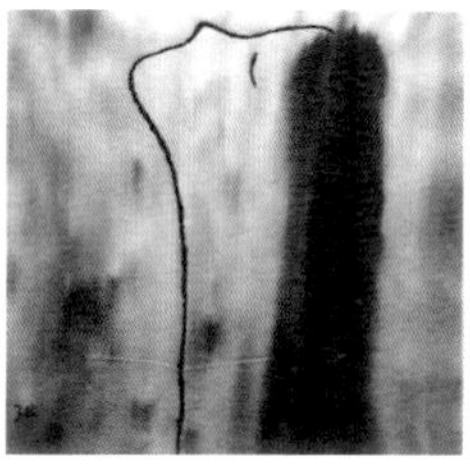
图 3-157 依形捆扎法作品（局部）

图 3-158 任意捆扎法

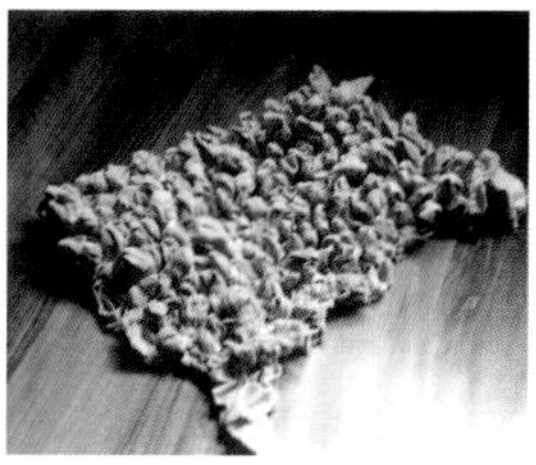
图 3-159 任意捆扎法

图 3-160 任意捆扎法

图 3-161 任意捆扎作品（局部）

图 3-162 任意捆扎作品

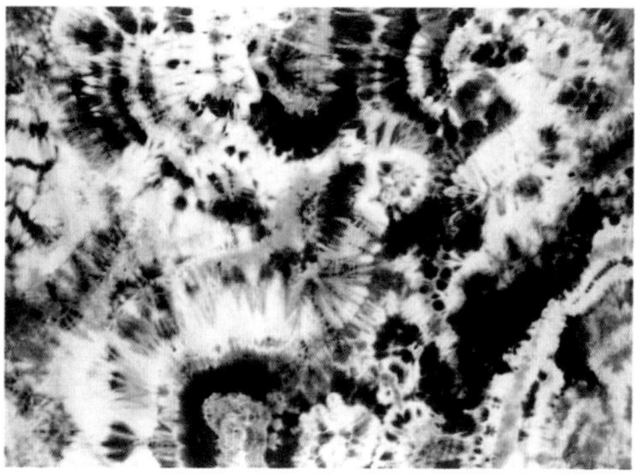
图 3-163 任意捆扎作品（局部）

包是将一些小物品像石子、纽扣、瓶盖等包入布中然后捆扎染色的技法。(图166~图170)

压是将布缠绕于酒瓶、圆棒等器物上经过施压再捆绑而后投染的技法。捆扎时要注意扎紧，否则起不到良好的防染效果。(图3-171~图3-174)

二、染色方法

扎染的染色方法有浸染、点染等方法。一般的浸染以染料、助剂、水量、布的重量为基准进行计算，而扎染时的浸染往往作成一定浓度的染液，然后根据染色情况来判断、调整染料的浓度进行染色。染色时为了保证扎染效果必须在染色方法、时间、染料种类的选择上下功夫。浸染有单色浸染、多色浸染等。

(一)单色浸染法

单色浸染即以某一种染料一次染成以取得形白地黑或地白形黑的效果。(图3-175~图3-177)

(二)多色浸染法

多色浸染即将作品进行多次染色以取得多色的效果。多色浸染主要有以下几种：

A.多次投染法

将作品进行多次投染即染完一次后再重新扎，换色后再投染这样多次的反复所得到的色彩效果。(图3-178)

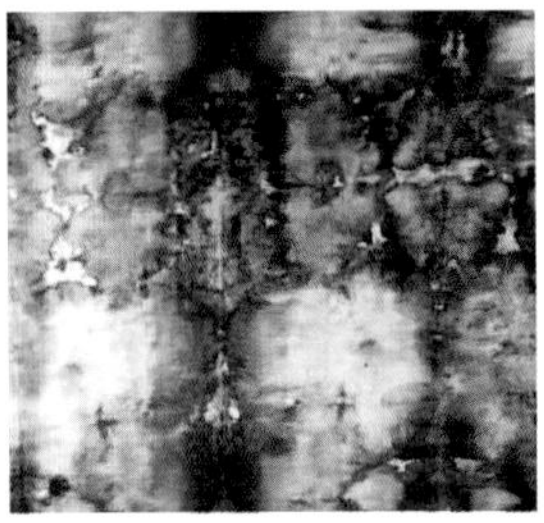
图3-164 夹叠作品

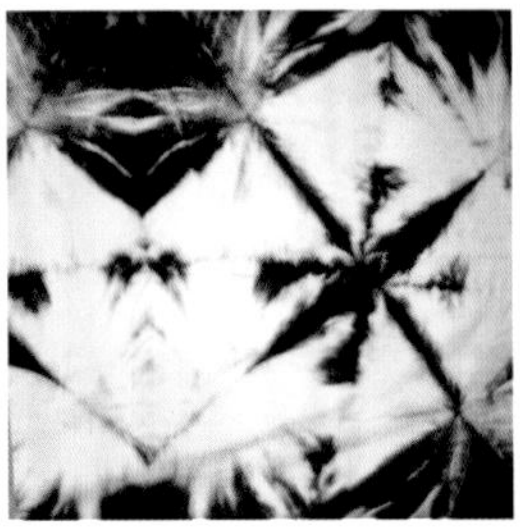
图3-165 夹叠作品

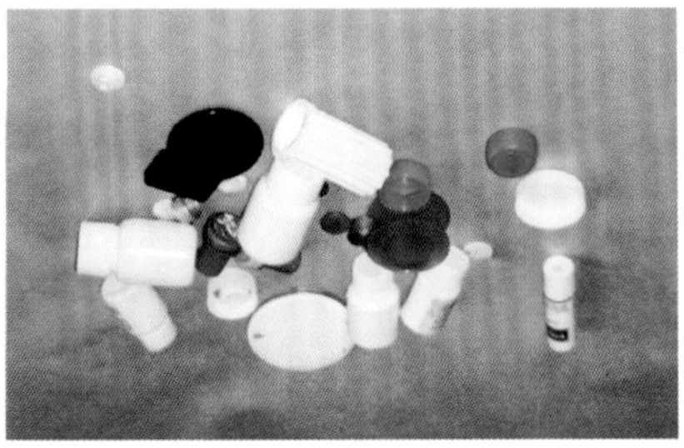
图3-166 内包物品

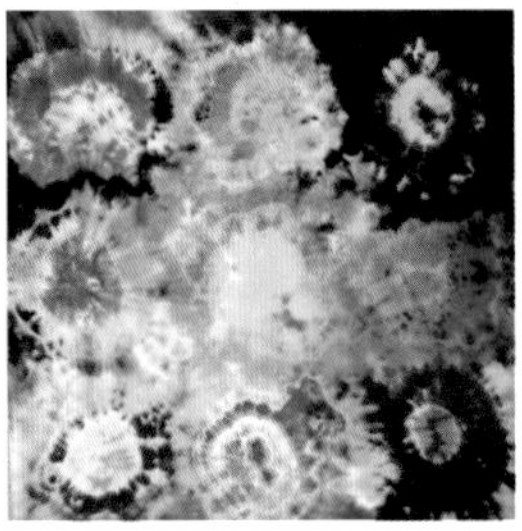
图3-167 包物作品

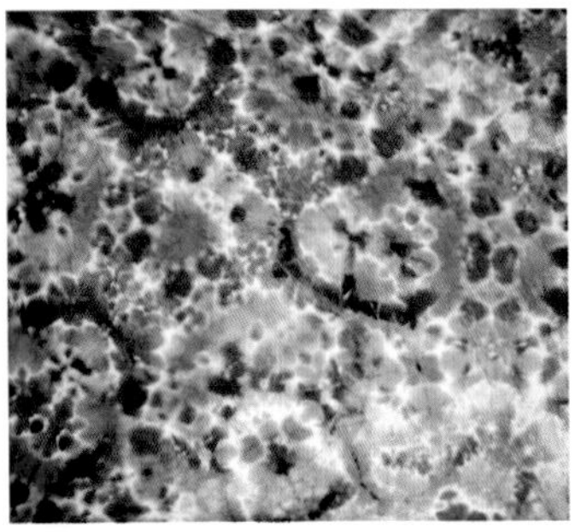
图3-168 包物作品

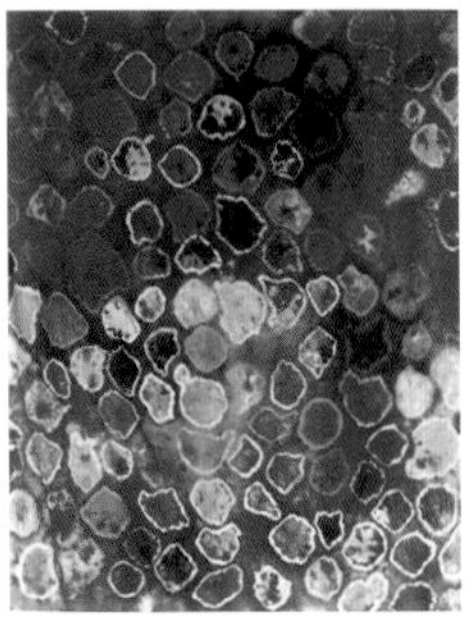
图3-169 包物作品

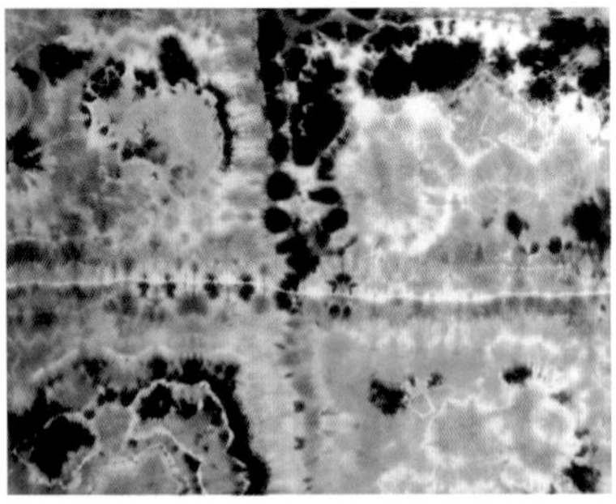
图3-170 包物作品

图3-171 施压法

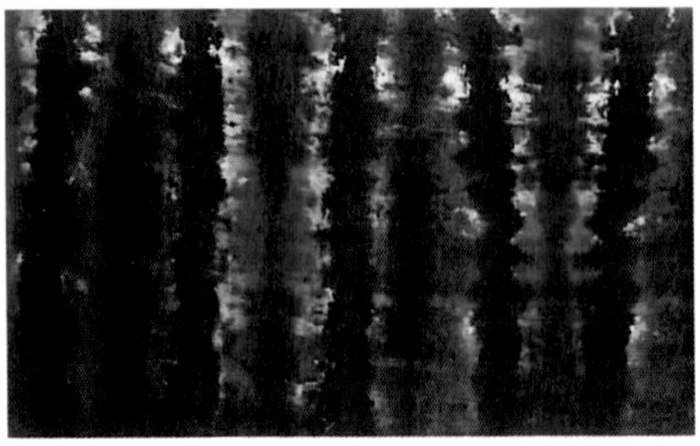
图3-172 叠压作品

图3-173 布打结

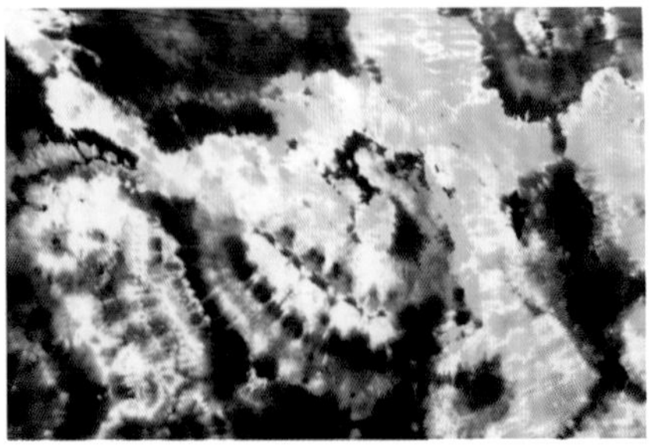
图3-174 布打结作品

B.局部投染法

将作品进行局部投染即用几种颜色分染不同部位以得到多色效果。(图3-179)

(三)点染法

点染是将扎结好的作品用点滴器、注射器等将染料注入布中染色的方法。点染既可以染单色也可以染多色。它的特点是作品的整体色彩更容易得到控制且局部的色彩变化更加微妙、丰富，在浓淡、深浅的把握上、颜色的配置上有更大的灵活性。

具体做法是将作品扎结好成半湿状态，根据色彩计划调好染料，有步骤地将染料注入布中，染色完成后自然干燥， 进行固色等后处理。(图3-180~图3-182)

图 3-175 单色浸染作品

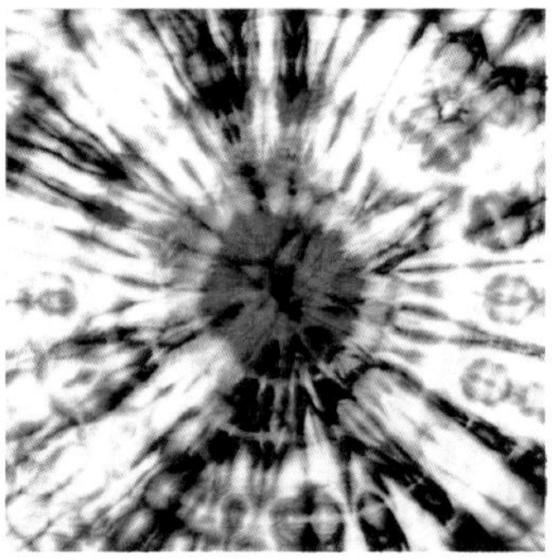

图 3-176 单色浸染作品

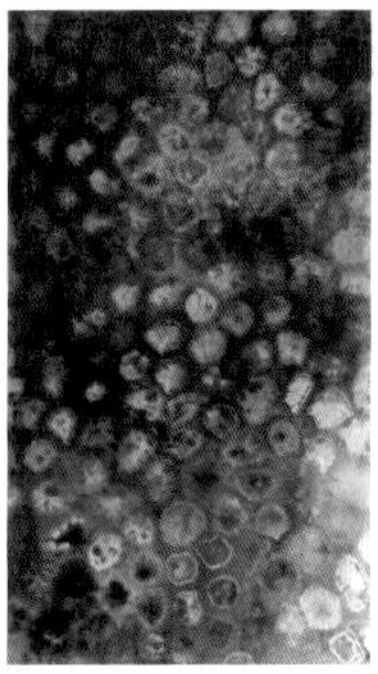

图 3-177 多色浸染作品

图 3-178 多次投染法

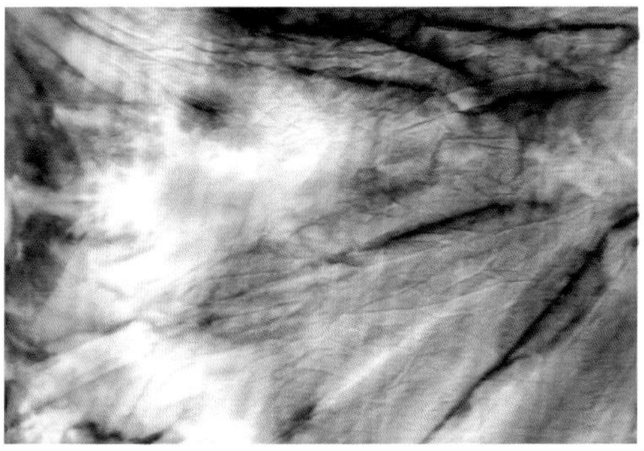

图 3-179 局部投染法

图 3-180 点染法

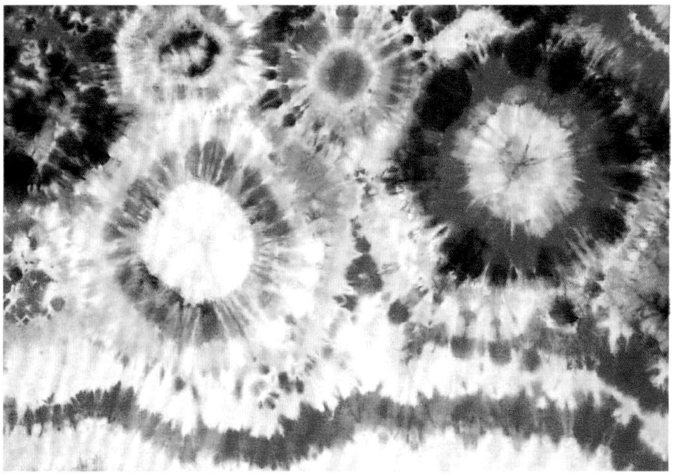

图 3-181 点染作品

图 3-182 点染作品

第四节
版染

用木版、胶版、蔬果等材料刻形后，蘸色糊像按戳一样按押，制作作品的方法。

版染是以型版为主要特征，而型版的材料实际上非常广泛，木版、胶版是常用的型版材料。由于其材质较硬，蘸糊的量有限，一般对厚布的染色往往只停留于布的表面，因此使用木版、胶版时尽量选用薄质的布，以取得更好的作品效果。木版在使用前要充分吸水擦拭后使用。（图3-183、图3-184）

利用蔬果像土豆、红薯、萝卜、莲藕、果核等通过切形、雕刻后用于版染，既增加了染色的趣味也能产生别致的效果。

用塑料泡沫等制成形块再贴以海绵、布料、树叶等，蘸糊按押能取得其材料的纹理效果，丰富版染的表现力。

制作糕点用的模具也可以用于版染的制作。其特点是往往能取得笔描、筒描所达不到的线、形的精确性。

用成捆的筷子（利用不同粗细的尖部）可以得到不同大小点的群体形象。还可以利用牙签、吸管等其他用具。

版染的蘸糊是版染的关键。因为它关系到按押后的图形色彩是否均匀、美观。蘸糊的量多了容易渗出，量少了会造成缺色、不饱和。为此可以做一个简易的蘸糊用布板，方法是将布折叠后置于塑料布上，用笔蘸色糊在布板上涂刷，要来回刷，刷匀。（可根据蘸糊的多少调节布的折叠层数以及色糊的浓度。）（图3-185~图3-197）

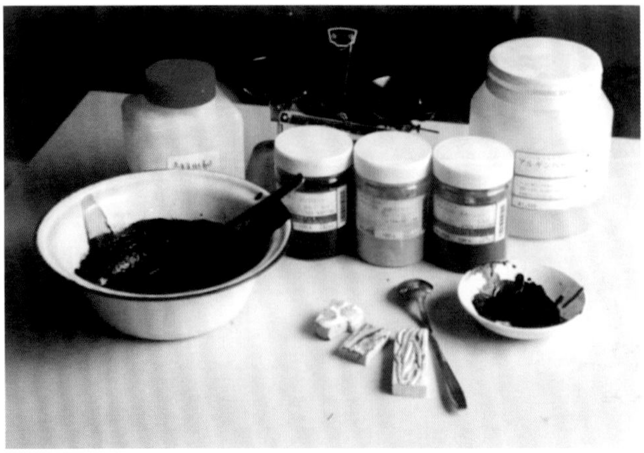

图 3-183 版染材料

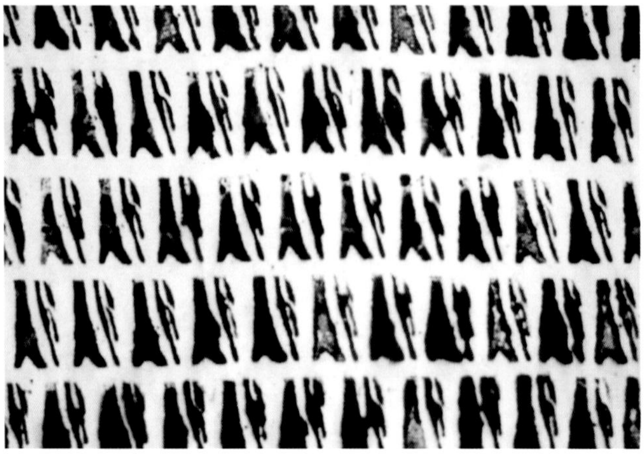

图 3-184 版染作品

图 3-185 型版

图 3-186 版染作品

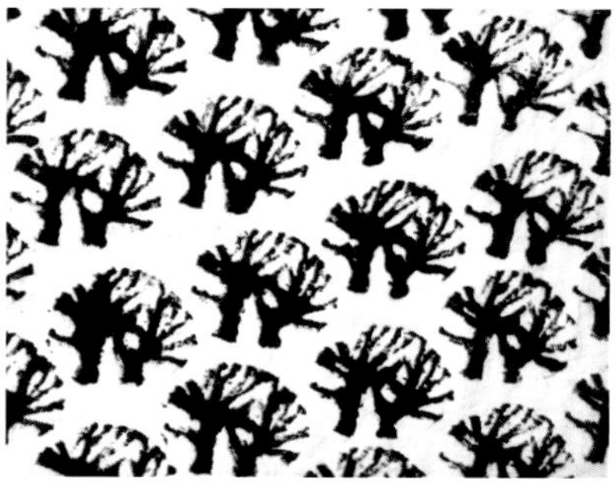
图 3-187 版染作品

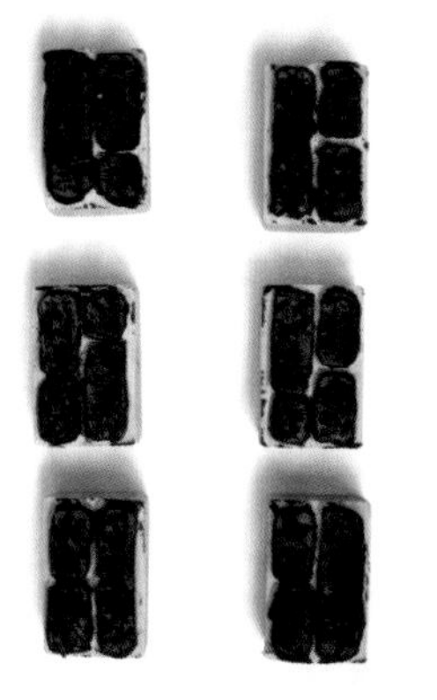
图 3-188 型版

图 3-189 版染作品

图 3-190 型版

图 3-191 版染作品

图 3-192 型版

图 3-193 两版结合作品

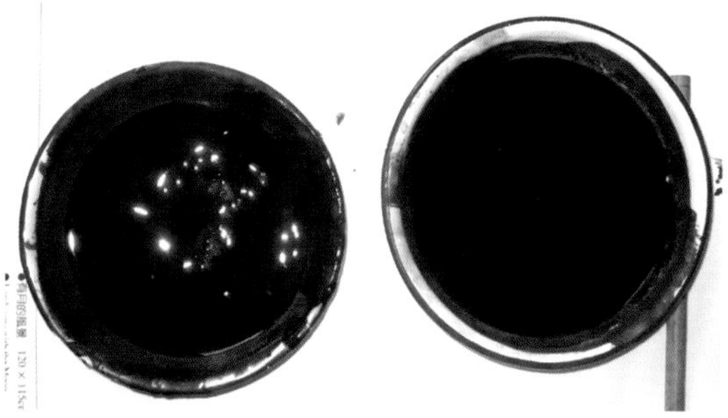
图 3-194 版染染料

图 3-195 版染作品

图 3-196 版染作品

图 3-197 版染作品 郑迪

第五节
手绘

用笔蘸染料在布地上直接绘形染色的技法。其中有勾线填色法、直接绘染法。前者接近于中国画中工笔的画法，后者更带有无骨与写意的味道。

一、勾线填色法

用描线笔蘸染料先勾线后填色的技法。勾线可以选用同一颜色，也可以变换部分颜色。染料可以用直接染料、酸性染料、活性染料等。

具体的步骤是先将布进行防渗处理，可以涂一层稀释后的海藻糊或豆汁干后待用。将画稿过到布上后勾线，勾线前在染料中适当地加些糊以防止染料的渗出：直接染料、酸性染料加入淀粉糊，活性染料加入海藻酸钠糊。加入糊量的多少要看笔是否能顺畅地描线而又不使染料渗出。在描线的过程中要随时用笔调和染料，调整色糊的黏稠度，达到运笔流畅自如又无染料渗出的最佳状态。

勾线完成后进入填色阶段。填色用的染料与勾线用的染料状态相同。填色方法既可以是平涂也可以是渐变、浓淡等。绘染用笔可以根据色块儿的大小选择，绘染时要注意笔中染料的含量及运笔的方法，以避免染料的渗出。绘染完成后根据所用染料进行固色、水洗等后处理。（图3-198~图3-202）

二、直接绘染法

直接绘染法即用笔蘸染料直接描绘物体形象，此法具有较强的绘画表现意味。因为没有防线画起来也更加自由、 随意。可以根据创作、设计充分发挥笔与色的表现力。直接绘染形的边缘容易出现程度不同的色晕这也可以说是直接绘染的一个特色。直接绘染由于具有较强的绘画意味因此多用于表现绘画性较强的画面，用笔、用色上也更强调其表现力。笔触、色彩的丰富多变也是直

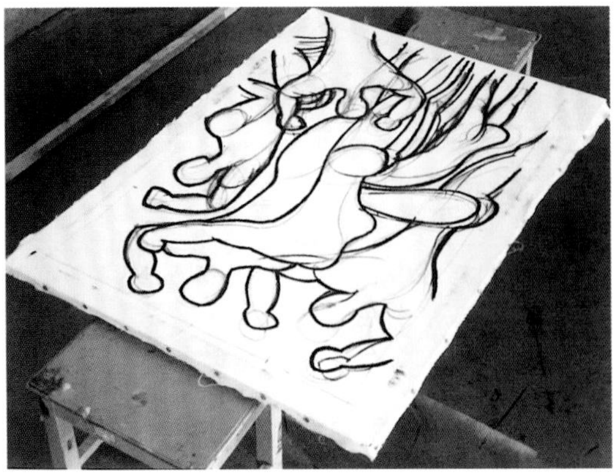

图 3-198 手绘线稿

图 3-199 绘染

图 3-200 完成作品

图 3-201 手绘作品

图 3-202 手绘作品

接绘染的特色所在。直接绘染要求下笔之前做到心中有数，对所要描绘的物体形象、色彩进行充分的酝酿以做到成竹在胸一挥而就，形、色、神兼备。

直接绘染的染料可以直接调释使用，也可以加些糊以增强防渗作用，要根据需要而定。

手绘技法在使用中也经常与其他技法结合并用，如：手绘与糊染、手绘与扎染等。要不拘一格、大胆实践才能有属于自己的个性鲜明的艺术表现手法。（图3-203~图3-210）

图 3-203 手绘示意

图 3-204 手绘作品 装饰布

图 3-205 手绘作品 面料

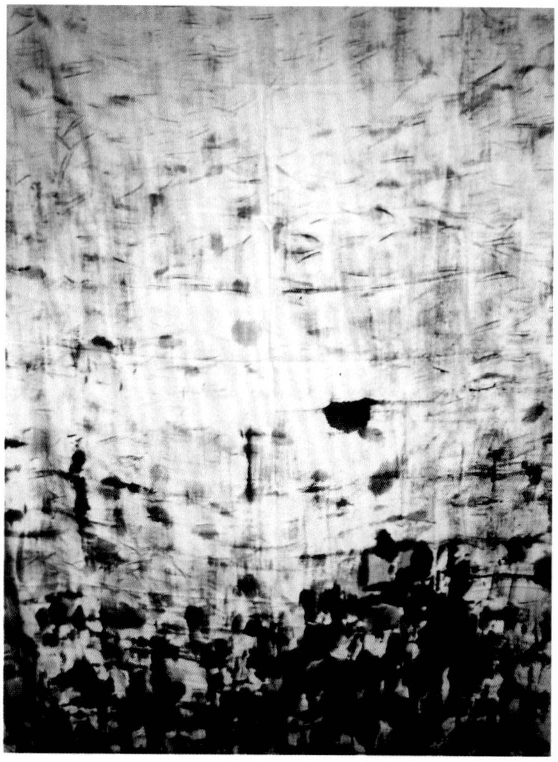

图 3-206 手绘作品 面料

图 3-207 手绘作品 面料

图 3-208 手绘作品 黑白乐章

图 3-209 手绘作品

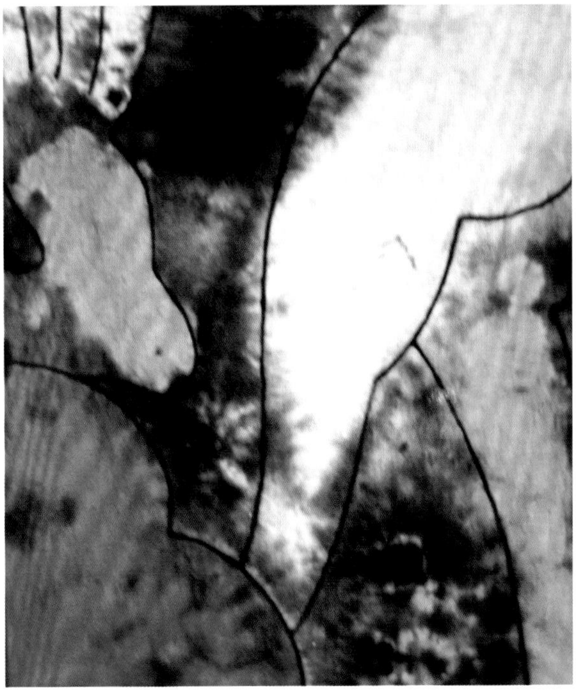

图 3-210 手绘与扎染并用

思考练习

●要点提示

1. 表现技法的运用对作品的风格、趣味、艺术效果都有着密切的关联，要根据作品的艺术表现需要选择适当的表现技法。

2. 表现技法并非一成不变，要善于学习、灵活运用并勇于开创新的表现技法。

●思考题

1. 谈谈你对染色艺术表现技法的认识与感受。
2. 举例说明技法运用与作品表现的内在关联。
3. 运用蜡染、糊染、扎染、手绘技法各制作作品一件。

相关链接

●延伸阅读

金士钦，龚建培．手工印染技法[M]．南京：江苏美术出版社

第四章 染色艺术的表现形式

要点提示

○ 学习目的

通过本章的课程学习，认识染色艺术的多种表现形式，熟悉各种表现形式的功用、特点，为染色作品创作、设计奠定基础。

○ 学习重点

熟悉各种表现形式的特色所在，恰当地运用各种表现形式。

○ 学习难点

浮雕式与立体式的作品体现。

○ 参考课时

6 课时

第一节
艺术品方面

染色艺术的表现形式分为艺术品方面与实用品方面。艺术品方面的表现形式有平面式、浮雕式、立体式（包括装置艺术、空间艺术装饰）。实用品方面有服装面料、服饰用品、室内纺织品、日常生活用品等。

一、平面式

平面式是染色艺术作品基本的表现形式。平面式中又有染色画、染色屏风、挂轴式、壁挂式、布镶嵌式等多种表现形式。

（一）染色画

染色画是用染料作为主要绘画材料的一个画种。由于染色画在绘制过程中往往要配以蜡、糊等辅助材料，加之要经过上蜡、上糊、绘染、固色、水洗等这样多次的反复制作才能够完成，因此染色画的绘制带有较强的工艺特色。也正是由于其材料、绘制手段的不同形成了染色画区别于其他画种的独特风貌。

染色画中有以蜡作为辅助材料的蜡染；有以糊作为辅助材料的糊染；有直接用染料绘画的手绘；也有蜡、糊结合使用的绘制方法。它们虽具有较强的工艺制作成分，但它更属于一种材料绘画，因其主要是通过手的描绘来表现作品固称染色画、染色绘画。染色画的其他表现形式，如型染、型绘染、捺染：制作时先在型纸上进形雕刻，然后通过涂糊防染制作作品。版染：通过刻形后的模具印制作品。扎染画：通过绳、线的扎结手段制作作品。综合表现形式：蜡染与型染的结合、蜡染与扎染的结合等。

图 4-1 有鸟的风景

蜡染绘画《有鸟的风景》（图4-1）运用蜡染中的块面染色法，通过上蜡防染绘制完成。画面由不同形状的色块儿组成，通过晕染及微妙的笔触体现出色彩的丰富变化，给人以清新、明快的艺术感受。作品创作于1998年，以鸟为创作元素，运用超现实主义手法创作的蜡染绘画作品。艺术创作要多角度，不拘一格地展开创作思路，并运用各种手法表达自身的艺术追求。鸟儿会给人以不同的联想：自由的飞翔、哺育幼鸟儿时的母爱与艰辛、鸟儿的生存环境……看到作品会想到什么？每个人会有不同的解答。让人在想象中自由驰骋也许这正是作品的目的。

糊染绘画《郊外之三》(图4-2)创作于2002年，通过特殊用具的绘糊、绘染，将糊、色、笔触相互交融。画面虽不是很大，但气势连贯、一气呵成，有成竹在胸一挥而就之感。画面微风吹拂、蒲草摇曳，池水、花草相互映衬，生动地展现了郊外之风情。

直接手绘表现的作品《北京2008之二》(图4-3)创作于2007年，通过富有装饰性的各族儿童喜迎奥运的情景描绘，表达了举国上下欢乐的氛围。画面注重情趣的表达，色彩单纯、明快，风格朴拙。制作时将染料加入助剂调成适当的浓度，然后用笔蘸染料直接在麻布上绘制，再通过固色、水洗完成。通过画面可以感受到手工描绘的韵味。

蜡、糊结合的绘画作品《北京2008之三》(图4-4)由五环颜色构成。彩云象征着奥运的精神，五环突显着奥运北京2008带给人们的永远的记忆。制作时用蜡防染画出五环， 通过施糊、绘染画出彩云。画面清新、艳而不燥，展现了染色作品的风貌。

型染作品《嬉戏》(图4-5)创作于1991年，通过鱼

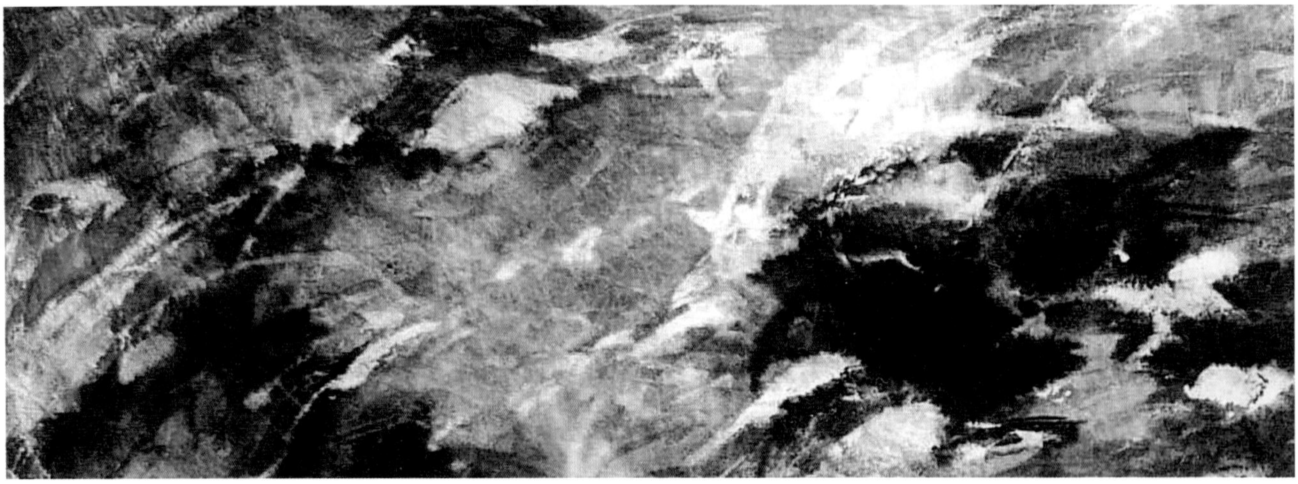

图 4-2 郊外之三(局部)

图 4-3 北京 2008 之二

图 4-4 北京 2008 之三

图 4-5 嬉戏

的装饰设计与巧妙的布局展现了作者的独具匠心。作品制作首先将画稿通过型纸雕刻出来，并将型纸涂纱补强，再将型纸置于布上涂糊防染。涂糊后将型纸取下，待糊完全干后用染料绘染。通过作品可以感受到型染的刻印味、型染作品的艺术特色。

型绘染作品《今日阳光灿烂》（图4-6）创作于1991年，通过体育运动的描绘，展现了健康、向上的精神面貌。作品开始也是同型染一样将图稿雕刻到型纸上，然后将型纸置于布上，不用施糊，而是直接用调好的染料绘染。绘染结束后取下型纸，待晾干后固色、水洗，直到最后完成。

扎染作品《郊外之十一》（图4-7）创作于2006年，属于扎染风景画。扎染风景画是一个新的表现领域，也是传统扎染的继承与发展。扎染风景画有着自身独特的风貌，从作品中可以看出蓝天白云的悠然自得与别样风情。润泽的草地与广袤的森林都显得那么自然、贴切，给人以独特的艺术感受。作品采用扎染手段，通过扎结与点染完成。

（二）染色屏风

染色屏风（图4-8）是一种传统的艺术样式，具有实用与装饰的功能。无论在家庭、办公室还是宾馆、酒店等公共空间，染色屏风都以其雅致、富于传统文化特色而受到人们的喜爱。在今天仍不失为艺术欣赏与装饰的有效形式。

（三）挂轴式

挂轴式染色作品具有典雅、大方的风貌。它以传统的形式与现代的表现相结合，给人以清新的感受。挂轴式既可以单幅表现，也可以排列组合表现。作品《西部风情》（图4-9）创作于2003年，是蜡染结合挂轴的形式体现，也是一种新的尝试。作品通过西部民间风情的描绘给人以亲切、朴拙感。

（四）壁挂式

壁挂式是较为朴素、自然的一种装饰形式。染色壁挂可小可大，用于家庭、办公空间以及大型公共建筑空间

图4-6 今日阳光灿烂

图4-7 郊外之十一

图 4-8 日 屏风

图 4-9 挂轴 西部风情

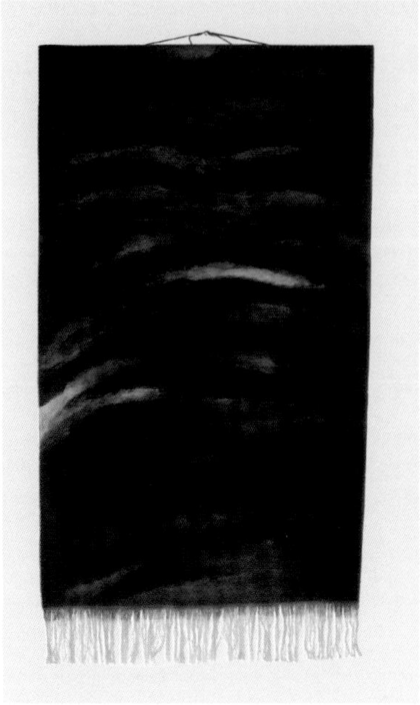

图 4-10 壁挂

的室内装饰。(图4-10)

(五)镶嵌式

镶嵌式是指以一幅染色作品为主，在局部缝合、粘贴其它染色布块儿或其它质地、材料的物件构成一幅镶嵌式作品。也可以完全以染色布块儿缝合，构成一幅镶嵌式作品。 它是一种较为活泼、富裕情趣的一种表现形式。(图4-11)

二 、浮雕式

浮雕形式作为艺术的表现形式在壁画、壁饰中多有体现，如水泥浮雕、金属浮雕、陶瓷浮雕等。由于它突出壁面几厘米甚至几十厘米，形成了凹凸不平的半立体效果，很有视觉冲击力。随着染色艺术的发展，这种浮雕形式也被染色艺术所运用，因此各种染色浮雕艺术作品也逐渐展现在人们面前。由于染色浮雕主要以染色布这种软质材料为主要特征，因此它也称为软浮雕。它与水泥、金属、陶瓷等硬质材料不同，以其柔软、轻质、带给人们温馨、亲切感，也是一种新的艺术表现形式。

染色浮雕由染色布、棉花、乙烯泡沫、木块儿、胶合板、铁丝等材料构成。它的制作特点是要求两者的有机结合，即染色布自身的艺术表现与浮雕造型的完美统一。从而产生出一种新的艺术表现效果。如染色浮雕作品《迷茫》(图4-12)根据设计构思分染了不同人形的色布，内充膨胶棉通过缝制而成。再连接固定成近似圆形。作品创作于2005年， 并参加了在日本举办的第六届国际扎染会议及作品展。作品通过人形的动态设计及其组织构成，表现了迷茫的主题，希望引起人们对社会现象的思考。作品可以感受到染色浮雕作品独特的艺术效果。

三、立体式

立体艺术作品是重要的艺术表现形式，特别是装置艺术作品近些年来得到较快的发展。其材料、手段更是不拘一格。纤维材料也在其中，被广泛使用。用染色的手段结合一些造型材料制作成立体作品，或地面置放或空中悬垂，使之产生立体的、空间的艺术效果，是染色艺术新的表现形式。特别是在空间艺术装饰上，染色立体作品由于材质较轻，其安全性更高，对于大型公共空间的艺术装饰无疑是良好的选择。（图4-13）

图 4-11 镶嵌作品

图 4-12 浮雕作品 迷茫

图 4-13 立体作品

第二节
实用品方面

一、服装面料、服饰用品

用染色的手段设计、制作服装面料、服饰用品有着它特殊的品位与魅力。首先在作品的设计上它能达到艺术性与实用性的完美统一，突显个性化与时尚性。在制作上它可以采用不同的绘制手段、工艺制作以体现独特的手工韵味与艺术效果。因为是独特的设计、制作，它能最大限度地满足消费者仅此一件绝无雷同的心理需求。在作品个性的体现上还可以根据消费者的要求进行有针对性的设计、制作，尽可能满足消费者的各方面需求。

手工染色服装面料、服饰用品相对于大机器、多量化的生产模式，其艺术性、独特性、手工韵味是它的特色。个人的修养、品位、艺术功力以及对时尚的理解都对作品的优劣起到至关重要的作用。艺术家只有不断地提高自己，根据时代的发展、社会的需求以及人们的个性需求，设计、制作出具有时代感、艺术性、时尚性的服装面料、服饰用品。（图4-14～图4-20）

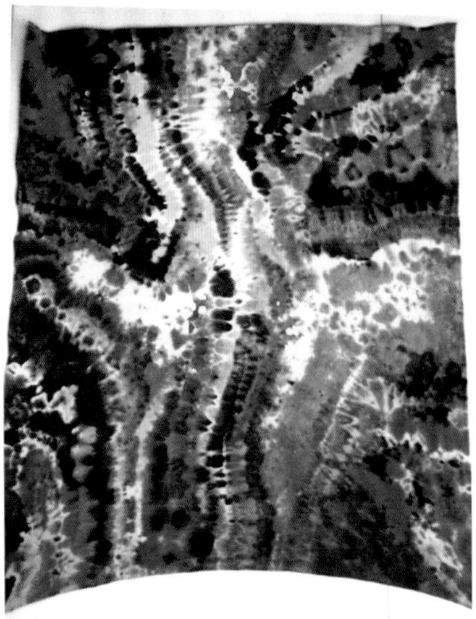
图4-14 服装面料 扎染

图4-15 服装面料 扎染

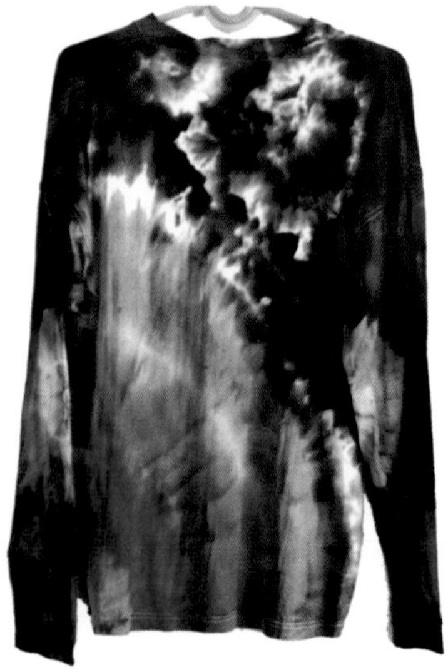
图4-16 文化衫 扎染

图 4-17 服装面料手绘

图 4-18 服装

图 4-19 围巾 手绘

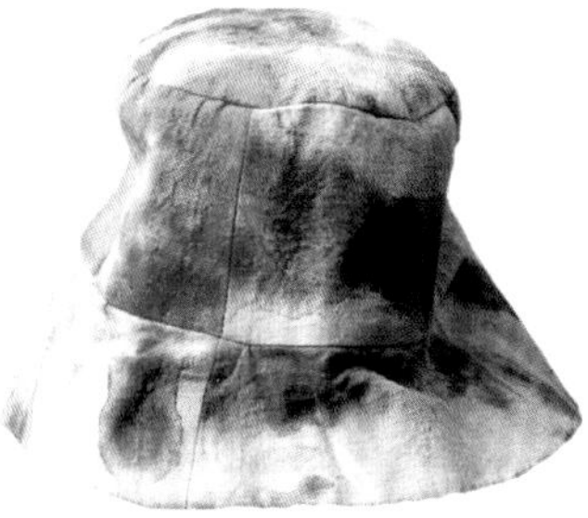

图 4-20 帽子

二、室内纺织品

室内纺织品在室内实用装饰中起到重要的作用。它的风格、特色、质地、纹样、色彩都对室内的环境、氛围、品位等有着重要的影响。手工染色窗帘、床罩、沙发布等以它的手工韵味与艺术特色给人们带来清新、别致的艺术感受。它也能从主人的艺术追求与个性追求上得到最大的满足。更能结合室内的整体环境来设计、制作室内纺织品，以得到恰如其分、个性突出的实用装饰效果。（图4-21~图4-24）

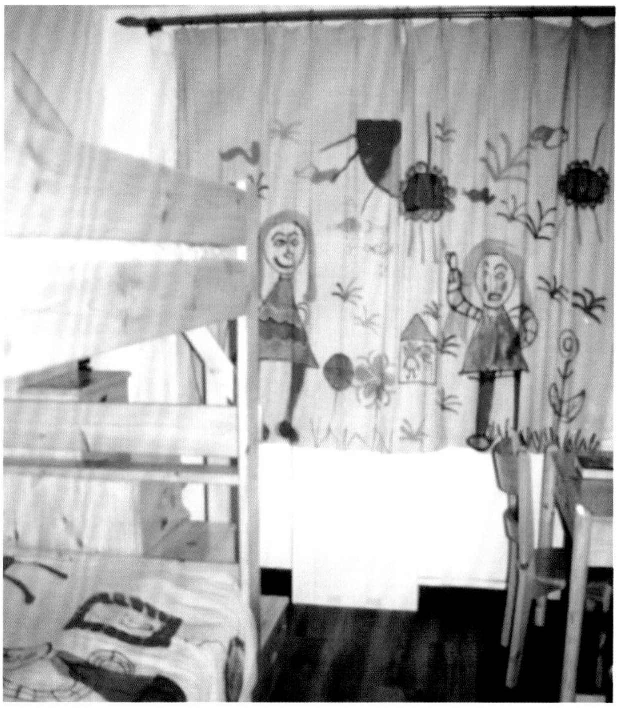

图 4-21 家纺用品 手绘

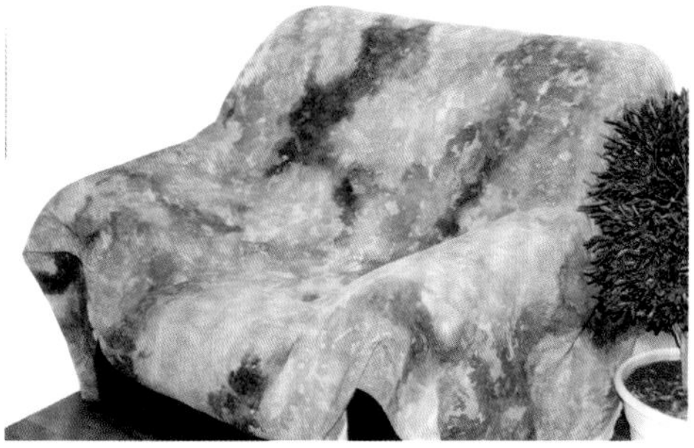

图 4-22 家纺用品 手绘

图 4-23 家纺用品 手绘

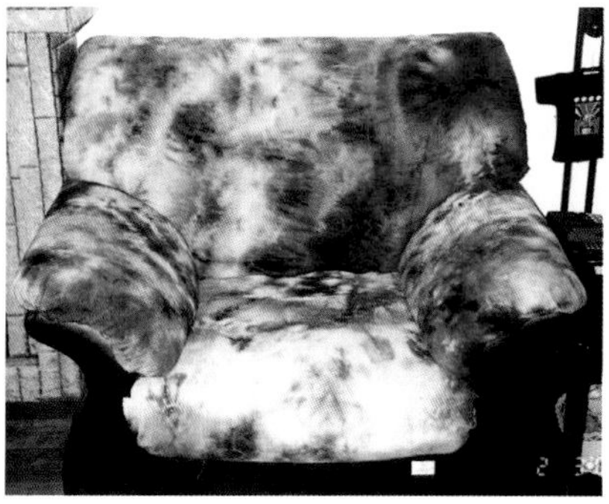

图 4-24 家纺用品 扎染

三、日常生活用品

日常生活用品如店铺的门帘、室内隔断、民间祭奠仪式中使用的一些道具、装饰物以及其他一些家用纺织品等。这些用品以染色的手段制作，反映了人们对染色艺术形式的热爱，通过这些作品也可以感受到不同时期的历史、文化、习俗与对生活的追求。它们为传播文化、丰富人们的生活及文化需求起着潜移默化的作用。（图4-25~图4-30）

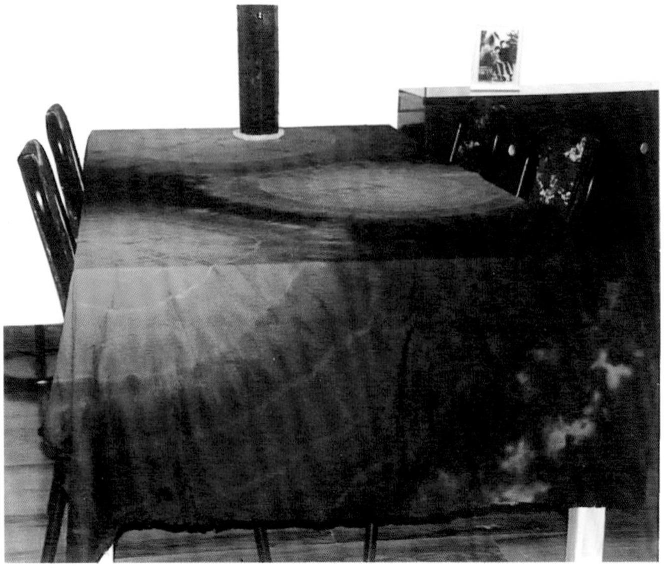

图4-25 桌布 扎染

图4-26 桌布 扎染

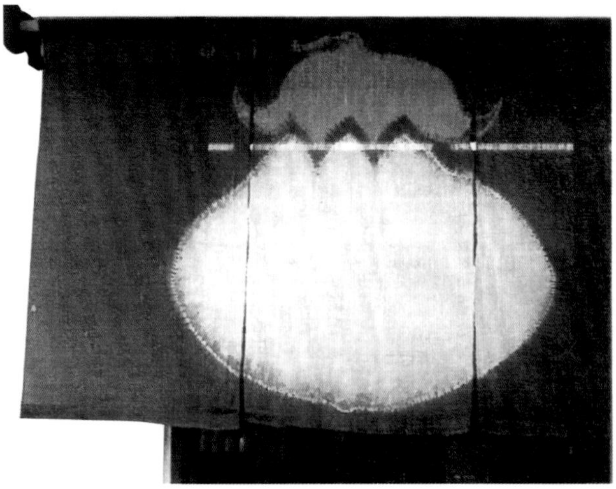

图4-27 门帘 扎染

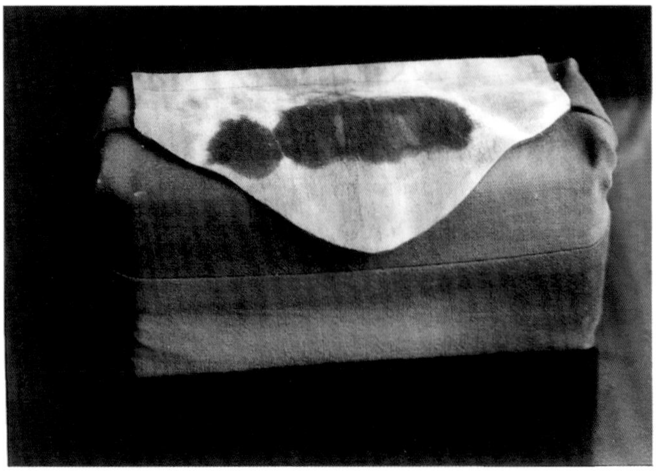

图4-28 餐巾盒套 扎染

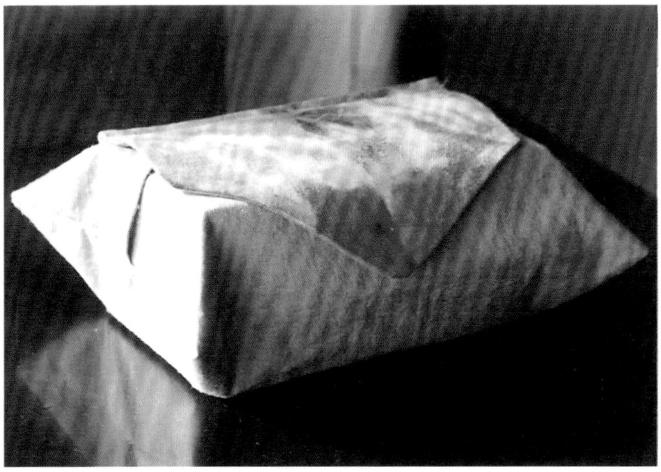

图 4-29 餐巾盒套 扎染

图 4-30 手提包 扎染装饰

思考练习

●要点提示

作品表现形式的运用与作品的创作目的、装饰场所、环境、用途等相关联，要根据不同的目的、需求选择不同的表现形式。

●思考题

1. 如何运用作品的表现形式？
2. 如何理解表现形式与作品表现的内在关联？
3. 运用镶嵌式制作作品一件。

相关链接

●延伸阅读

钟绍琳．染色画的表现形式［J］. 美苑，2003，01.

第五章
染色艺术作品的创作、设计

要点提示

○ 学习目的

了解染色艺术作品的创作、设计方法，提高作品的创作、设计能力，为今后的作品创作、设计奠定基础。

○ 学习重点

艺术作品的创作、设计对每一个艺术家来说都是一生要面对的问题。每一次创作、设计都是一种检验与挑战。它既要求我们深厚的生活积淀，也要求我们对表现对象敏锐的观察力与感受力，同时要求具有较高的艺术修养与表现技能。对于染色艺术作品的创作、设计来说也是如此，既要体现作品的艺术表现深度，又要显现染色艺术自身的风貌、特色。

○ 学习难点

作品创作、设计方法的多样化、多角度运用以及个性化创作、设计方法的运用。

○ 参考课时

12 课时

第一节
生活与艺术创作

艺术创作离不开生活，生活是艺术创作的源泉。丰富的大自然，人类社会生活从多方面、多角度给我们提供了艺术创作的灵感、冲动与表现的欲望；提供了观察、思考，深刻反映社会现实与艺术追求的广阔空间。艺术家由于个人的生活经历、思想、观念、艺术品位、 兴趣、爱好的不同，使得艺术创作的角度、内容、范围也因人而异，因此使得艺术创作千姿百态，丰富多彩。通过作品表达不同的审美理想，给人以不同的美感享受。从中也可以感受到艺术家的品位、修养、艺术趣味、艺术风格、艺术技巧等诸多方面。

图5-1是日本染色艺术家岛羽美花的作品《越南街景》。怀着对战后越南的兴趣，岛羽美花走进了越南对城市、乡村的经济发展、百姓的日常生活都给予了极大的关注。这幅型染作品表达了作者对越南城市景观的独特艺术视角，也反映了作者深入生活、观察生活、表现生活的能力与热情。

染色作品《大相扑》（图5-2）是我在日本留学期间创作的。大相朴是日本的传统竞技，也被称为国技。它集历史、文化、艺术、竞技、表演于一身，通过富有特点的一招一式，服装道具以及环境装饰、布置呈现给观众，反映了日本的风情，是一大看点。然而作为美术题材表现大相朴的作品还不多见，通过染色艺术的角度表现这一题材，并通过作品创作表达对大相扑的理解与感受，也从一个外国人的角度进行了大相扑的艺术创作。

《有月的风景》（图5-3）是一系列风景画作品中的一幅。它来自于对月亮的观察以及用染色的手段表达对月

图 5-1 越南街景 岛羽美花

图 5-2 大相扑

图 5-3 有月的风景

图 5-4 海风

亮的独特感受。“作者充分利用了色彩的对比、排列、组合和色彩的明度、纯度、寒暖的变化以及色块的大小、形状的方圆、长短等巧妙的处理，使画面既丰富多变又和谐统一，构成了一种宁静优美的意境。”通过反复、多遍的蜡防、分染，使染色的透明性、润泽及饱和的色彩得到充分体现。

《海风》（图5-4）来自于对海的印象，并从一个侧面反映了对海的观察与表达。作品的着眼点还在于采取糊染这一富有特色的染色手段来表现对海的感受。“我尤其喜欢作者采取蜡、糊并用而创作的作品‘海风’。他运用浓厚的防染糊绘出白色的浪花衬托出礁石的坚韧与挺拔。蜡防染描绘出涓涓细流显示出潮水涌动的活力。用防染糊经过多次的蘸糊染色而形成的苔迹，给人以勃勃的生机，通过画面可以感受到大海的力量与壮美。”

第二节
个性与独到的表现

个性是艺术家在长期的艺术实践中逐步形成的。它反映了艺术家的审美、艺术倾向、艺术趣味及艺术表现方法、手段。独到的表现即用自己的眼睛去观察世界，用自己的思考去表现大自然、社会生活，用自己的表现手法绘制作品。个性与独到的表现就是使作品与众不同、富有特色。

日本染色艺术家横山喜八郎的蜡染作品《朝》（图5-5）运用晕染的技法，通过老树新枝表现一种象征生命、朝气、成长、向上的主题。作品浓淡兼施、浑然厚重，充满水情墨趣与空气感。同时也充分地表现了染色的透明特征。可以说个性鲜明、别具风格。

“染色作品《群舞》（图5-6）给我们的感受则是一首铿锵有力的色彩交响乐。画面中的红、黄、蓝、黑色彩相互交织、反衬，浓重、清淡的叠映、对比使得起伏的潮水与炫目的光波相映生辉，使人仿佛身临其境，正在观赏一幅鱼鸥共舞、群鸟戏水的壮丽夕阳景观。”（李锺淮）《群舞》可以说是作者对自然世界的个性化诠释。它来自于自然又不局限于自然更强调自我感受、理想化、注重艺术情境表现。

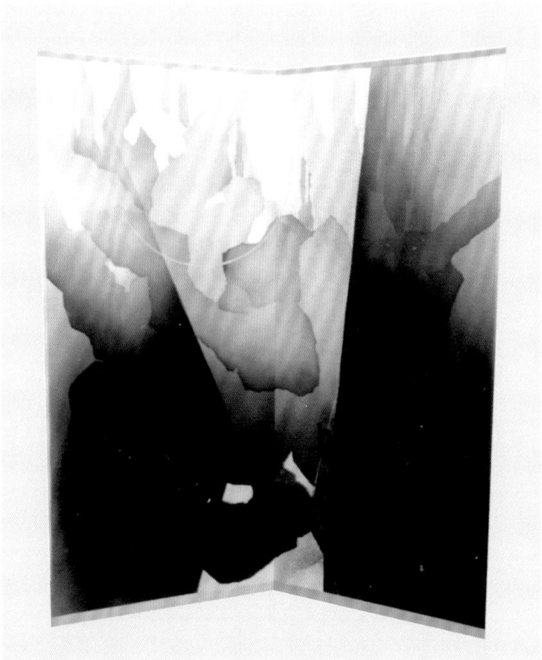

图5-5 朝 横山喜八郎

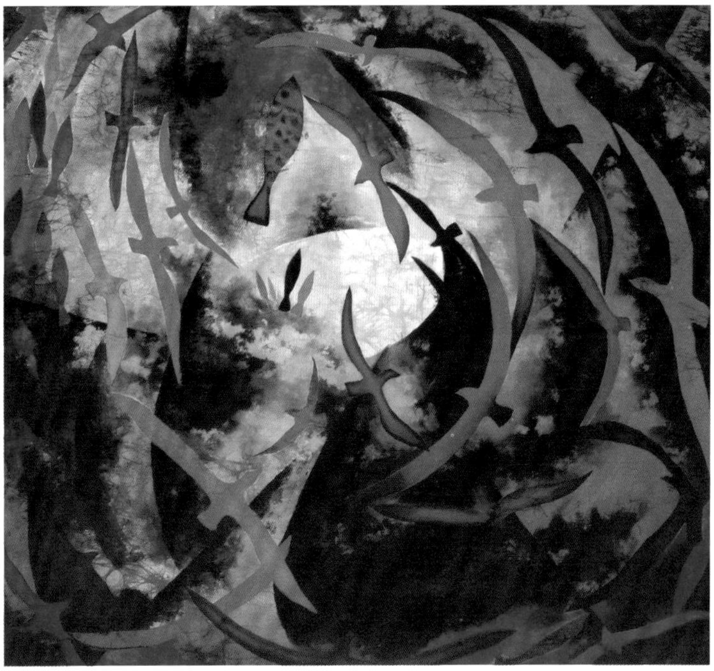

图5-6 群舞

图 5-7 向日葵

图 5-8 溪流之一

每个艺术家由于个性的不同，面对同一个题材有着不同的诠释与表达。凡·高的《向日葵》激情似火、高亢激昂，给人以非凡的艺术感受。染色作品《向日葵》（图5-7）将阳光下色彩绚丽的向日葵加以提炼、组合，将个人对向日葵的感受通过作品表现出来，使《向日葵》既来源于自然又不同于自然，更是从染色这一角度表现了向日葵的欣欣向荣与蓬勃朝气。

《溪流之一》（图5-8）是用蜡表现肌理的探索性作品。它充分发挥了蘸蜡这一技法的独特表现力，去追求画面雄浑、苍劲的气势。它通过特殊的画蜡用具，以洋洋洒洒的“笔触”以及多次反复的绘制、固色、水洗，表现了丰富、浑厚的色彩效果与溪流的灵动之感。作品还通过掷地有声的“雕琢”，使人强烈地感受到作者创作时心境的融入与激情的飞扬，使画面更显生动有力。

第三节
探索与创新

对于艺术创作来说无时无刻不存在着探索与创新的问题。染色的艺术创作也不例外，追求新意、新感觉，表现新的题材、新的内容，尝试新的技法表现、新的用具、材料，可以说每一次创作都会面临这样那样的问题，这样那样的挑战。每一次创作都是在不断地面对困难、解决问题，在大胆尝试后得到新的启发与进步。特别是进入信息化时代，人们的思想观念、审美趣味都随时代发展而不断变化，对艺术表现、艺术创作不断提出新的课题。高科技带来的新材料、新用具、新染料等也都给染色的艺术创作带来新的变化，使染色作品的表现手段更加多样，染色作品的艺术效果更加丰富多彩。艺术表现形式的相互融通，也促进了染色艺术的自身发展，不断丰富着染色艺术的表现形式。同时染色艺术自身的艺术语言探索，也要在吸收其他艺术形式与大量的艺术实践中得到加强。特别是染色艺术作品的创作，在内容的深刻性、作品的艺术性、表现手段的丰富多样性与艺术个性上都有较大的提高。可以说，染色艺术创作的探索与创新是无止境的。

日本染色艺术家穴户清子的作品《冬日的民家》（图5-9）以独到的视角将普通百姓生活的题材加以大胆的艺术处理，在白雪曼舞的冬景中配以由绵绵的火絮构成的红色火球，以此象征着平民百姓祥和、清盛、暖融融的冬日生活。在色彩上形成了红与白的强烈对比，在节奏上充满了有序的律动，并赋予画面以抒情性的表现、融入既精美、又丰富多样的技法。作品展现了美好的意境，给人以清新的感受。

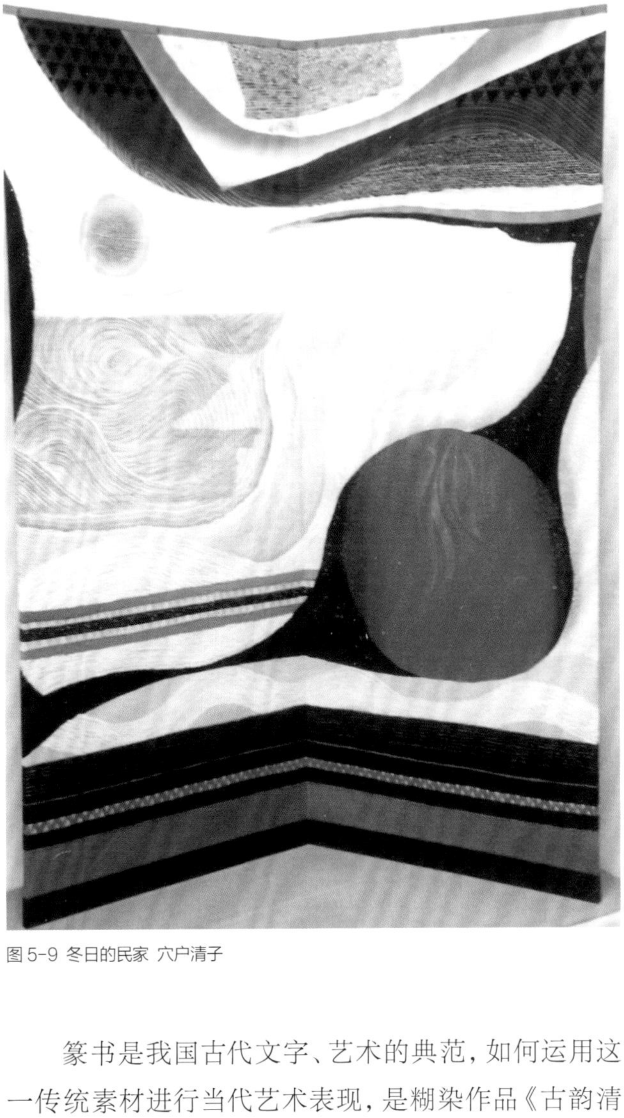

图 5-9 冬日的民家 穴户清子

篆书是我国古代文字、艺术的典范，如何运用这一传统素材进行当代艺术表现，是糊染作品《古韵清风》（图5-10）创作的初衷。将篆字加以均匀的排列，重点在于色彩处理，将其融入丰富的色彩变化，使单纯、朴素、典雅的文字通过色彩的渲染，变得气象万千、丰富多彩。既不失篆字韵味又赋予古代文字一种新的气息，使其更容易融入时代，富有现代感。在技法上，将白糊与色糊交替、自由运用，使画面富于变化，给人感觉自如、随意又统一在整体之中。作品糊迹突显，体现了糊染的浓厚韵味。

扎染是流传久远的一种民间技艺，其样式已经深深的印在人们的心间。如何创新扎染艺术，使之具有现代感，以更好地适应当代人们的审美需求，是我创作扎染作品的目标之一。《郊外之四》（图5-11）运用现代扎染工艺，使其色彩表现成为亮点。加之运用现代构成手法，通过多个小画面的组合构成，形成了郊外鲜明的印象。作品创作来源于生活又具有超越现实的艺术美感，体现了现代扎染的艺术魅力。

"探索"是染色软浮雕作品《秋》（图5-12）创作的初衷。作品制作时首先绘制了20cm×30cm大小的百余幅小作品，表现手段采用蜡、糊、手绘并用的技法。通过表现不同的秋叶及秋叶的不同形态来展现秋的意境、秋的风采。然后将这些小幅作品用铁丝撑起，弯成不同的弧度，使之形成宽窄、高低不同的形状，再排列组合固定在背板上，形成有节奏、有变化、高低错落、凹凸不平的浮雕作品。《秋》将绘画与浮雕制作有机结合，使人既感到内容丰富又形式新颖，富于艺术表现力。

染色艺术作品中的浮雕作品创作是一个新的课题，是时代发展将染色浮雕作品的艺术创作提到当代日程。要推进这一新的表现形式，必须通过大量的作品创作，不断地探索、钻研才能使染色浮雕逐渐被人们所认识、所接受。染色浮雕作品创作可以通过染色布与不同材料、不同造型方式结合产生多样丰富的作品。《中国功夫》（图5-13）运用的是染色布与填充物——膨胶棉的结合制作的染色浮雕作品。制作时首先将麻布裁剪成人形，然后用扎染的手段进行染绘，内充膨胶棉缝制成各种不同动作造型的武术人形，再将人形排列组合，构成张弛有度、玲珑通透的"画面"。作品既体现了扎染的艺术特

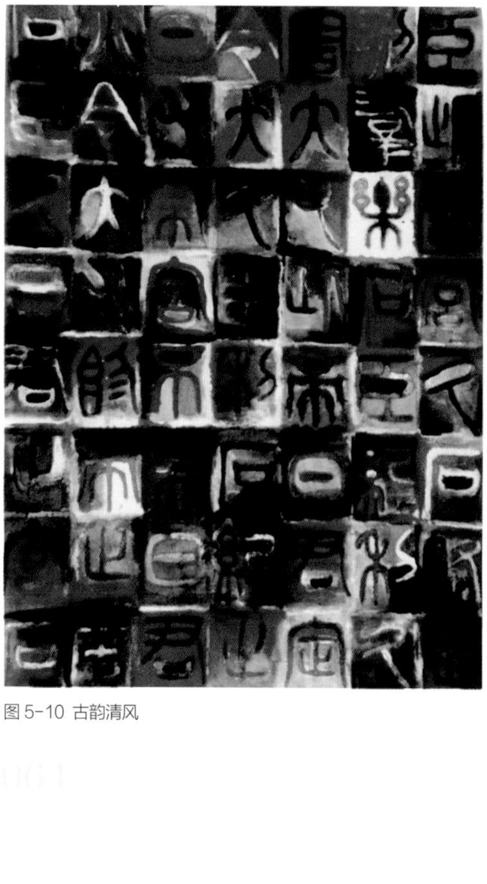

图5-10 古韵清风

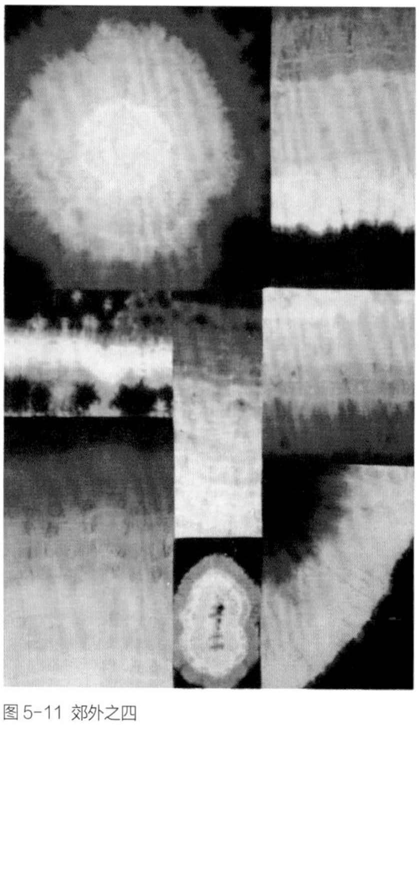

图5-11 郊外之四

图5-12 秋

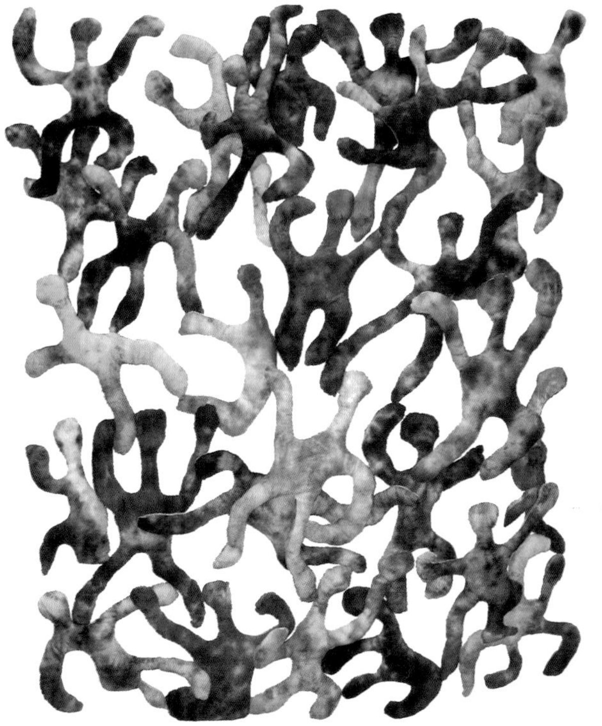

图 5-13 中国功夫

色，又通过浮雕这一新颖的表现形式给人以新鲜感。作品趣味性地展现了中国功夫的魅力，使整个作品耐人寻味。

随着日新月异的变化，电脑辅助设计的使用，染色的艺术创作也从中得到一些有意的启示。一个鼠标即可具有纸、笔、刀、色的多种功能。通过丰富多样的画像处理，电脑辅助设计开创另一片天地。由于电脑设计的便利、快捷以及特有的效果处理，使电脑设计得到广泛的应用。染色作者可以通过自己的构思、设想利用电脑进行再创造，自由地加以表现，以产生前所未有的新感觉。

思考练习

●要点提示

艺术创作来源于生活，染色艺术作品创作也是如此。要加强对生活的观察与感受并从中提取创作素材，运用于作品的创作、设计之中。

●思考题

1. 如何提高作品的创作能力？
2. 作品创作、设计的要点有哪些？
3. 以环保为主题创作作品一件。

相关链接

●延伸阅读

钟绍琳 . 染色艺术与当代生活 [J] . 艺苑 ,2012,06

田卫平 . 现代装饰艺术 [M] . 哈尔滨：黑龙江美术出版社

第六章
染色艺术的教学实践

要点提示

○ 学习目的

通过本章的课程学习，了解染色艺术学习的教学过程，掌握染色艺术学习的基本方法。

○ 学习重点

循序渐进的作品创作、设计、制作、总结过程的实施。

○ 学习难点

把握好每一环节，重视作品的制作过程。

○ 参考课时

32 课时

第一节
作品的创作、设计环节

一、作品的创作与设计

染色艺术是一门集艺术思维、创造性能力、动手能力培养与提高的综合性艺术课程。通过课程教学培养学生勤于思考、善于动手、手脑结合的艺术素质与艺术作品的创作、设计、制作能力。由于染色艺术所具有的独特性、宽泛性、新颖性使染色艺术有着广阔的发展空间，也使更多的人感受到染色艺术的魅力及广阔的发展

图 6-1 胡然作品

图 6-2 刘楠作品

前景。因此将染色艺术引入教学，培养新一代染色艺术人才成为我们的历史使命。如何进行教学，我想首先要提高同学们的学习热情和主动性，进而自主学习和钻研，不断提高作品的制作能力和艺术感染力。在教学中首先通过讲课使学生认识和了解染色艺术，并通过观看大量中外艺术家、学生的优秀作品，使同学们对染色艺术有直观的感受和大致的了解，并带着各自的感受、疑问和兴趣投入到作品的创作、设计与制作实践中。（图6-1、图6-2）

染色艺术教学主要是通过作品制作来认识和感受染色艺术。而作品的创作、设计是作品制作的基础。好的作品除了好的制作外，创作、设计更是关键，因此首先要把好创作、 设计这一关。同时通过作品的创作、设计加强和培养同学们的作品创作、设计能力，为今后的作品创作、设计打下良好的基础。

二、创作作品、设计中应该注意的问题

（一）开阔眼界、收集信息

首先带同学们去图书馆、美术馆及其他展览现场广泛收集信息、开阔眼界、寻找创作灵感。从不同的角度入手，逐步确立适合自己表现的题材、内容、形式、风格。（图6-3~图6-5）

（二）保持良好的创作氛围

同学们年轻好学、思路开阔，要鼓励同学们放开思想，在艺术创作上自由驰骋。即给同学们宽广的创作自由度，同学们可以根据自己的兴趣、喜好、艺术追求，创

图6-3 图书馆看资料

图6-4 参观展览

图6-5 设计风景

图6-6 简描 吴娜

图6-7 手绘 梁贾妍

图6-8 蜡染 贺婧

图 6-9 蜡糊并用 李玲娜

作、设计富有个人特色的作品。(图6-6)

(三)提倡从生活中寻找创作素材

生活是创作的源泉，要启发同学们从身边入手，在作品中表现自己熟悉的事物。培养同学们观察生活、表现生活的能力。从作品中反映时代青年独到的艺术视角与朝气蓬勃的气息，使作品充满生命力。(图6-7)

(四)结合工艺制作创作、设计作品

在作品创作、设计中还要注意的是结合制作工艺进行切实可行的作品设计，否则无法完成作品制作或达不到作品设计效果。

(五)注重设计过程的完整性

从草图勾画到效果图的绘制，完整的设计过程必不可少。这旨在培养学生良好的作品创作、设计习惯，循序渐进的创作过程。通过形象的逐步确立，色彩、构图的反复推敲，设计思路的变化求正，使作品设计能够一步一步深入，最后达到理想的作品设计效果。

好的作品的创作、设计是好的作品出现的前提。特别是初次制作染色作品，首先要完成好设计稿，这样既便于制作又能在制作过程中不断调整和完善，最后达到或超过设计稿效果，完满地实现创作意图。(图6-8、图6-9)

第二节
作品的制作环节

设计稿完成后就要进入到作品的制作阶段。初学者的制作要在教师的指导下进行，因为初学者缺乏制作经验，对工具、工艺的要求都缺乏认识和掌握，因此要按部就班，有序进行。在经过一段制作实践后方能有所掌握，逐步达到制作效果的理想化。

一、循序渐进

所谓循序渐进是根据染料透明的特性，颜色要由浅到深逐渐地加够，而不能过。过了不能像油画、水粉画一样覆盖掉，即一旦画过了就很难挽回。因此在上色前要试色，要好好斟酌，以避免不可挽回的局面，循序渐进、一步一步地达到自己想要的色彩效果。另外从染色的工艺制作经验来看，经多次染够的颜色如同陈年酿制的美酒，色彩饱满而浑厚，更耐人寻味，色彩效果更佳。（图6-10～图6-18）

二、要整体进行

所谓整体进行，就是不要死抠局部而是要全面铺开，在比较、对比中逐步深入，使整个画面始终在掌控之中。该轻则轻、该重则重、张弛有度，以取得更好的画面效果。（图6-19～图6-23）

三、鼓励同学们的大胆探索

在作品的制作实践中，同学们在接触了一段工艺制作实践后，往往能激发出一些新的想法与新的手段尝

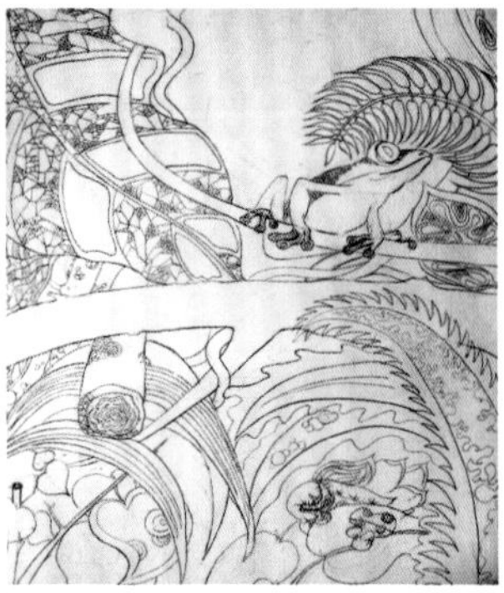

图6-10 草图

图6-11 色稿

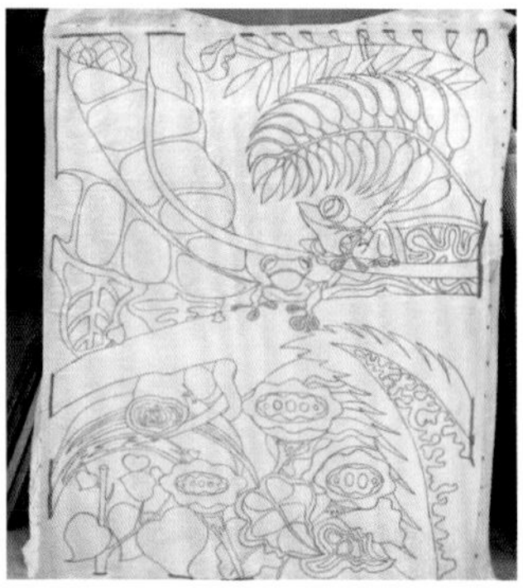

图6-12 放稿

图6-13 描蜡线

试。这是年轻人活跃的艺术思维与制作热情投入的反映，也是他们创造性能力的体现。对于同学们的每一个新的尝试都要给予积极的评价与鼓励，使同学们在热情的投入中得到创新意识与创造性能力的培养，为独到的艺术作品的产生奠定基础。

《繁衍》是韩荀同学创作的一幅蜡染作品。作品采用蜡防工艺，色彩单纯、朴实，但在内容安排上充满情趣；钥匙、喇叭、锤子、刀叉等一些身边的小物件，使人感受到生活的气息。从作者独具匠心的布局、安排使整个画面灵动、生机勃勃，洋溢着年轻人的活泼与朝气，看似平淡，却在平淡中出神奇，给人以新鲜感、时代感。（图6-24）

《伴侣》是苗旭同学创作的糊染作品。作品通过写意的手法描绘了鸟儿栖息的场景；它们是伴侣，也可能是情侣，在迁徙或玩耍之后，欣赏着湖面的风光景色、度过一段美丽的时光。作品通过糊的“笔触”以及色彩的浓淡渲染，描绘了波光粼粼的湖面。鸟的实体与静中有动的湖面形成虚实对比，两者遥相呼应，生动而富于表现力。（图6-25）

吕梦佳同学的作品《LM+的绚丽水族馆》通过手绘制作完成。作品描绘了五彩缤纷的海洋世界，并通过作品暗示了“缤纷的事物都是潜在的剧毒”的深刻含义，力求通过作品告诫人们拒绝诱惑、加强自身修炼、时时审视地面对社会、面对各种诱惑。作品表现技法多样、形象生动、刻画细致、色彩绚烂、内容丰富，是一幅颇有分量的毕业作品，反映了该同学的绘画才能及敢于挑战、敢于创新、敢于实践的精神。（图6-26）

图6-14 上糊

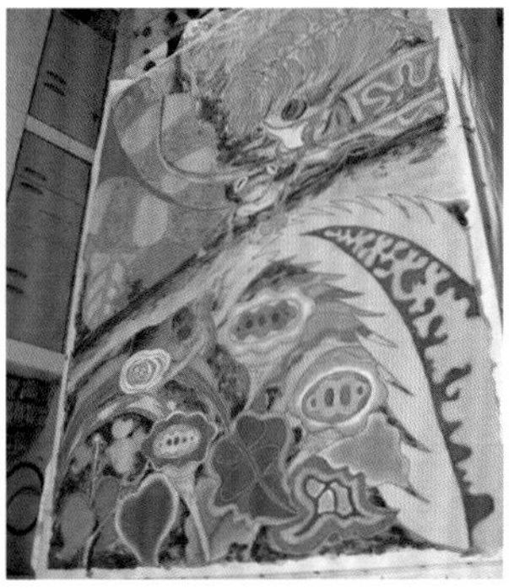

图6-15 绘染

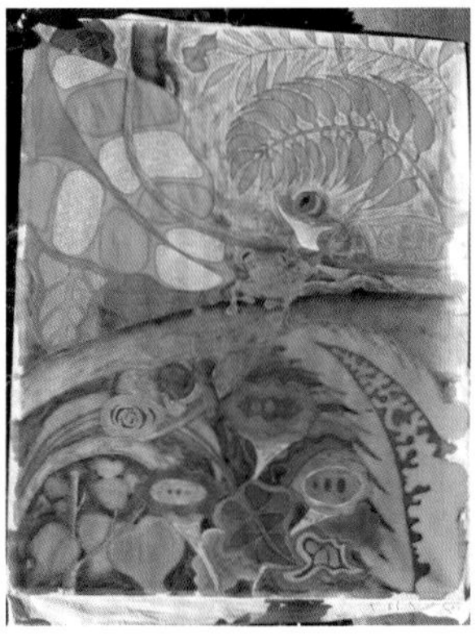

图6-16 二遍染色

图6-17 三遍染色

图6-18 完成作品 王玲霞

图 6-19 放稿

图 6-20 描蜡线、绘染

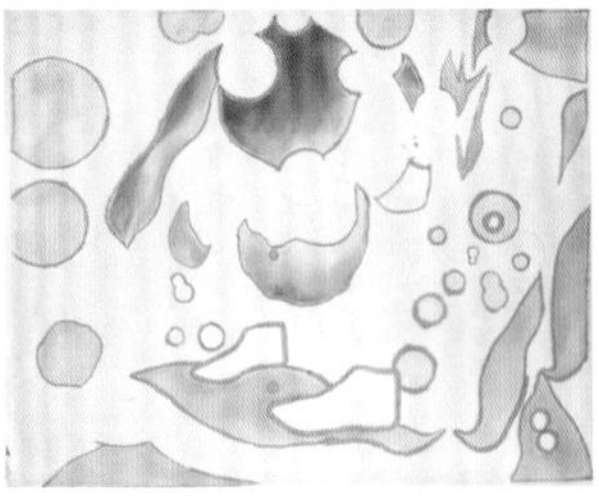
图 6-21 绘染

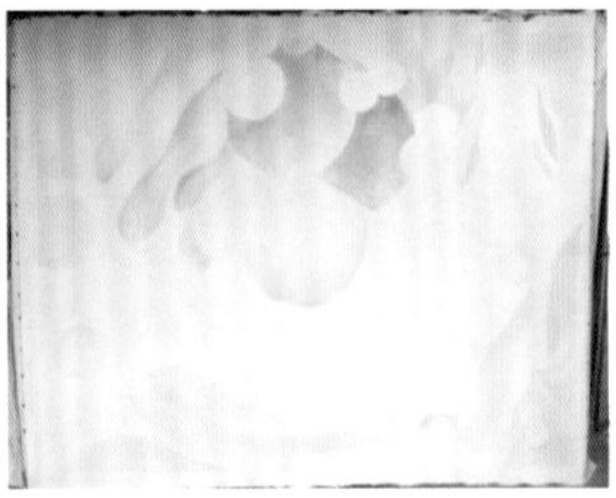
图 6-22 制作中期

图 6-23 完成作品 姜越华

图6-24 蜡染 韩荀

图6-25 糊染 苗旭

图6-26 手绘 吕梦佳

第三节
作品讲评环节

作品讲评是教学中不可忽视的环节。通过同学们的作品展示、讲述自己的作品创作、设计、制作心得，对每一个同学的作品进行讲评。通过讲评对作品的整个设计、制作过程进行总结，找出长处和不足，进一步明晰对染色作品的认识，提高今后作品的设计、制作水平。可以从同学们的讲谈中感受到课程的教学成果。如张帆同学谈到：通过四周染色课程的学习，充分体验到了染色的趣味。染色工艺相当考究，例如勾线技术、描的技术、调色技术、洗的技术，从各方面调动手与脑的配合。从中了解了传统染织与现代设计的结合，现代工艺与传统工艺的结合，现代设计与现代工艺的结合。制作中工艺技巧之繁杂、细心度要求之高，通过课程有了初步了解。包爱华同

图 6-27 制作风景

图 6-28 制作风景

图 6-29 制作风景

图 6-30 制作风景

图 6-31 制作风景

图 6-32 制作风景

图 6-33 课程风景

图 6-34 课程风景

图 6-35 课程风景

图 6-36 蜡染 佚名

图 6-37 蜡染 刘鹏

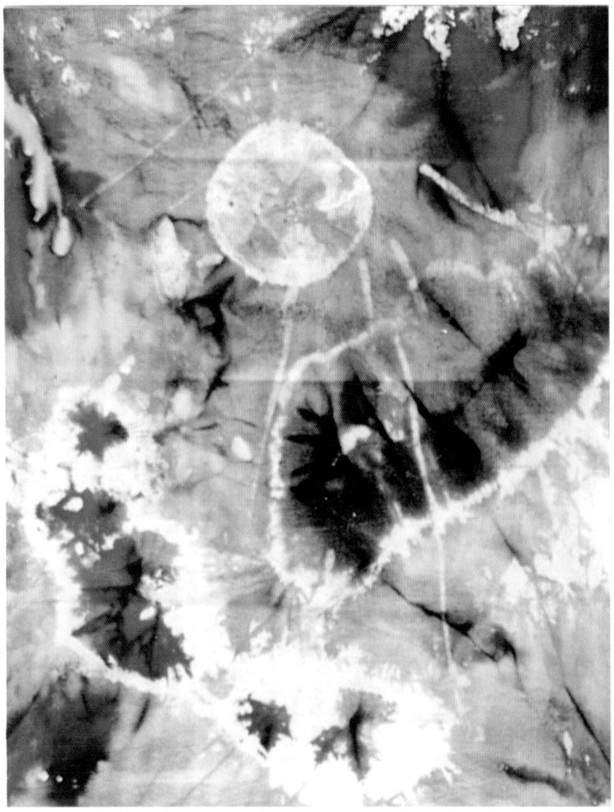

图 6-38 扎染 郑迪

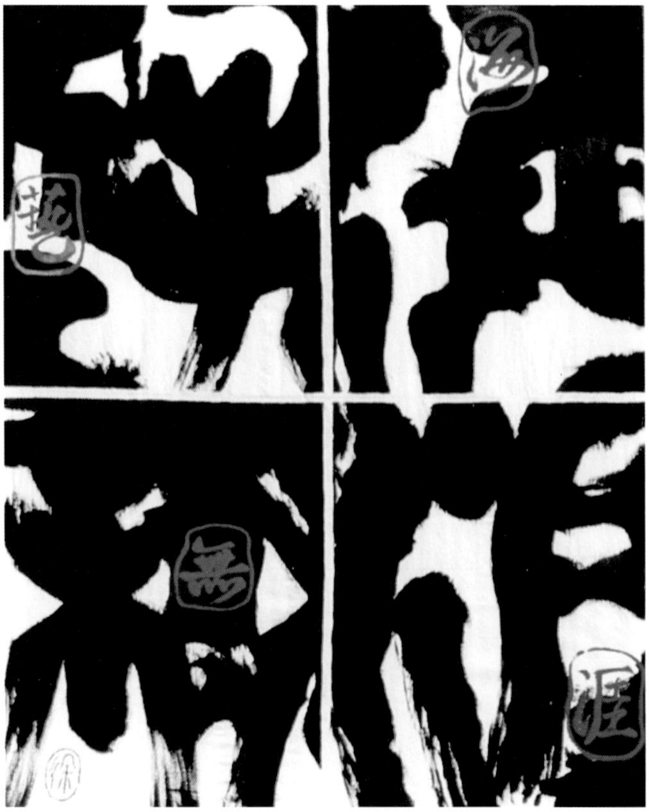

图 6-39 蜡染 徐冬梅

学：通过这门课程的学习，我掌握了染色的工艺技法，更重要的是我得到了更广泛的设计灵感和思路。对染料的运用和它的无穷变化以及对糊、蜡等技法有了深刻的认识。石丹同学：染色工艺在我们生活中还比较少见，因此比较感兴趣。发现在布上不仅可以表现具象的事物，还可以在具象的基础上进行自己的创作。表现出的效果奇特、自然还有些随机效果。使我们在学习过程中产生出浓厚的兴趣。在制作时，我们可以用蜡做出边缘齐整的印制效果，也可以用糊做出柔和的渐变效果。在画面上时而写意，时而精雕，充分展示自己的创作意图。在课程中学到了很多知识，明白要耐心、专心，画面一步步地呈现出想要的结果，成就感油然而生，学中有乐、乐中而学。杨柳博浩：通过学习掌握了基本的染色技法，接触到一种全新的艺术表现形式。能够对自己所要表现的作品的艺术感有更灵活的选择，并且使我们对染色中的各种表现形式有一个充分的认识和掌握。

通过讲评的形式还可以使同学们的语言表达能力得到锻炼，学会沟通与交流，为今后的学习和工作打下了良好的基础。（图6-27~图6-60）

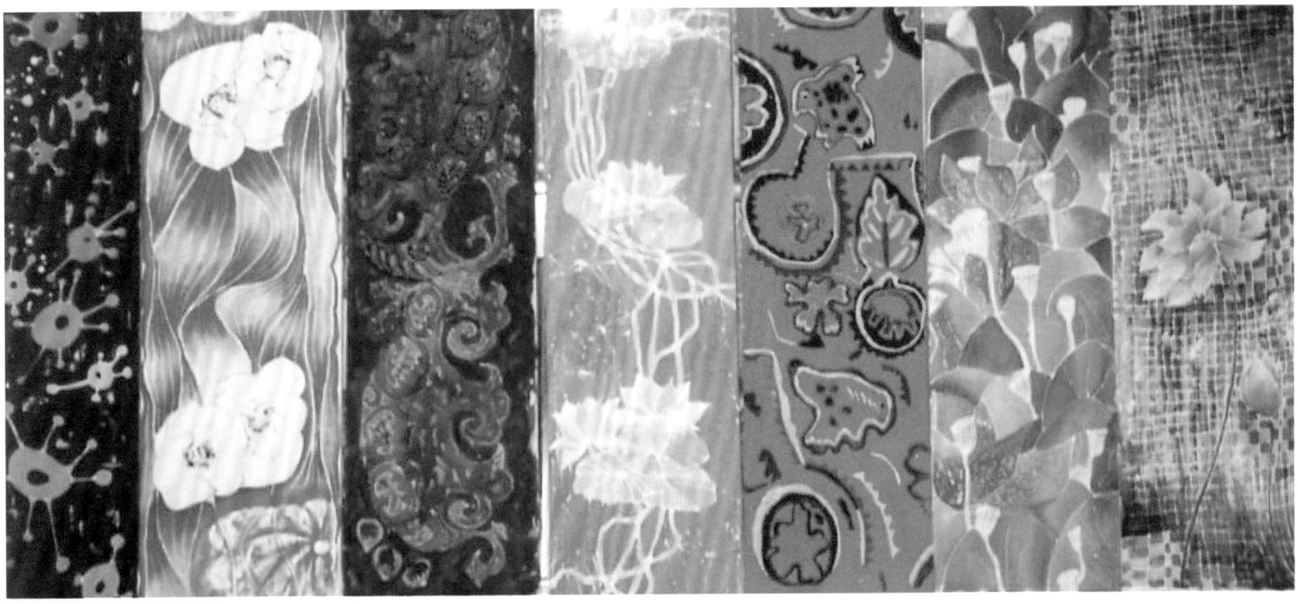

图6-40 简描 西安美院2002级纺织品设计学生作品

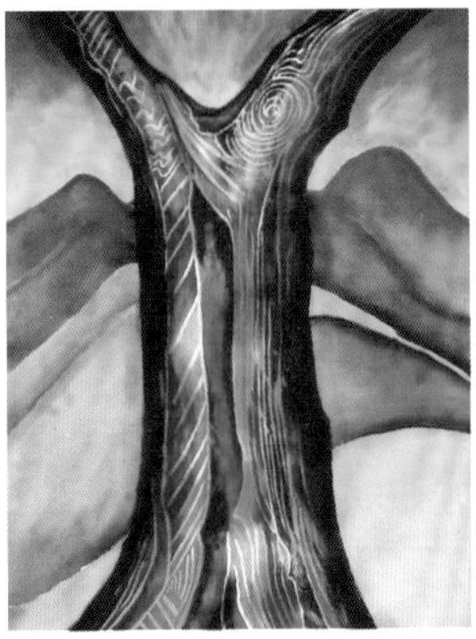

图6-41 蜡染 李晓意

图6-42 简描 赵楠

图6-43 蜡染 佚名

图 6-44 蜡染 张晨

图 6-45 浮雕 过孝迎

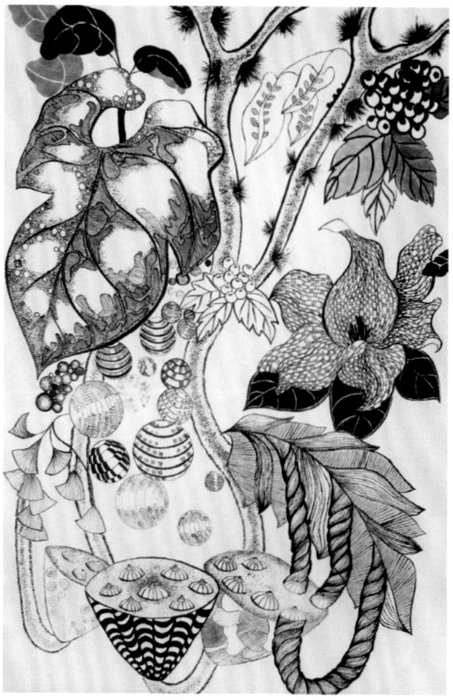
图 6-46 手绘 赵明

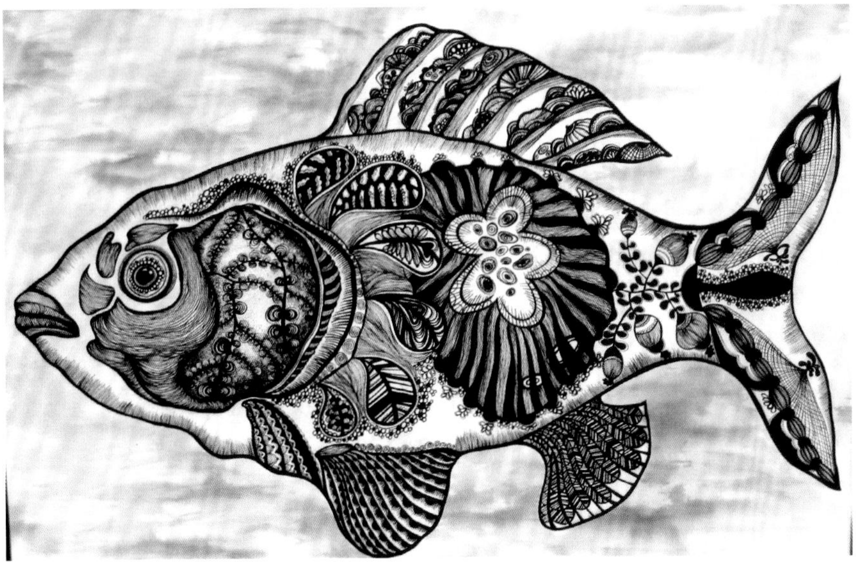
图 6-47 手绘 赵明

图 6-48 蜡染 王宇

图 6-49 蜡染 刘佳

图 6-50 蜡染 李瑶

图 6-51 蜡染 胡婧

图 6-52 软雕 索以

图 6-53 浮雕 李瑾

图 6-54 蜡染 吕梦佳

图 6-55 蜡染 赵明

图 6-56 蜡染 刘丙晨

图 6-57 浮雕 刘丙晨

图 6-58 浮雕（局部）刘丙晨

图 6-59 蜡染 梁新秀

图 6-60 蜡糊并用 贾丹丹

思考练习

●要点提示

染色艺术教学要重视每一学习环节并按照教学要求完成每一阶段的学习任务。

●思考题

1. 你对学习过程完整性如何理解？
2. 谈谈你对作品制作工艺与作品创作、设计关系的理解。
3. 选择身边的生活题材创作、设计、制作作品一件。

相关链接

●延伸阅读

钟绍琳．染色艺术教学随想[J]．湖北美术学院学报，2012，04.

第七章
染色艺术作品赏析

要点提示

○ 学习目的

通过本章的课程学习，了解染色艺术作品的风貌、特色、表现技法、表现形式、作品创作、设计方法、思路，为今后的作品创作、设计奠定基础。

○ 学习重点

作品创作、设计、技法表现的综合运用以及染色艺术作品风貌、特色的具体体现。

○ 学习难点

个性化作品的追求与体现。

○ 参考课时

4 课时

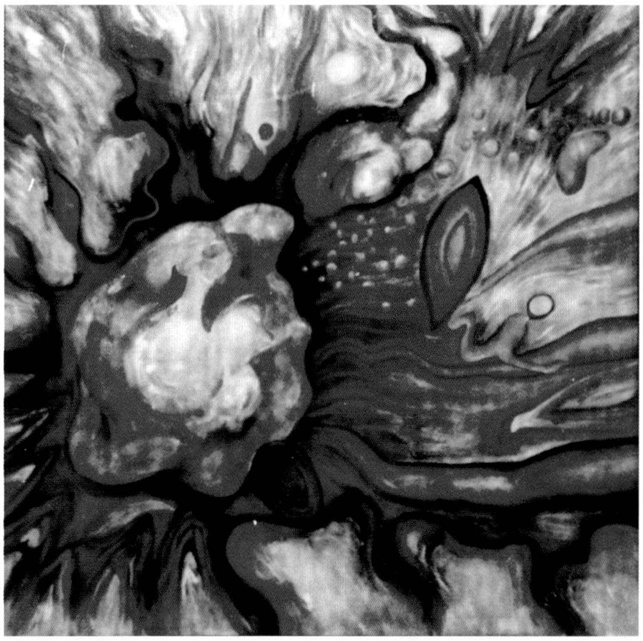

图 7-1 曲线的构成之一 90cm×90cm 蜡染作品 创作于 1994 年。作品曾参加长野县多摩美术大学校友会作品展，在长野市、松本市美术馆展出。画面以人及其肢体为主要形象，通过跃动的笔触、流畅的线条、奔放的色彩使画面充满活力，同时给人以不同的联想。如生长、生命、生存甚至苦难、信念、人生……

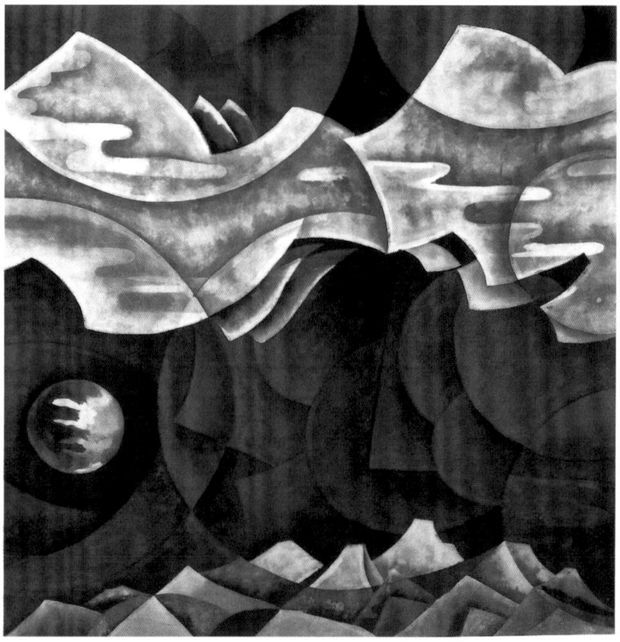

图 7-2 月夜 118cm×116cm 蜡染糊染并用作品 创作于 1998 年，是在前一张《月夜》之后的改进作品。作品突出了云块儿的构成感，使之非同寻常、令人震撼、个性彰显。蓝色调的雄浑中，浮动的流云与静瑟的山峦遥相呼应、潜藏于后的滚滚云块儿显示着自然神奇的魅力。一轮圆月"静观"其风云变幻却"泰然处之"。整个画面动中有静、静中有动、动静结合，表现了月夜之别样风情。

图 7-3 森 110cm×240cm 蜡染作品 创作于 1992 年。这是运用漏斗笔画蜡技法绘制的一幅作品。通过树木、山林的描绘表达对美丽自然的独特感受。在作品构成上运用现代构成的表现手法，通过蜡线的分割组成不同的景观。其中不乏浪漫主义意味；将树木、林海进行理想化的组合、布局。加之水墨山川、晕染勾画又洋溢着水墨画的意味。作品创作在异国他乡却无不渗透着祖国水墨传统的熏陶，似有中西合璧、水墨传承之意味。

图 7-4 霞山图 260cm×400cm 蜡染糊染并用作品 创作于 2000 年。与《流云图》为一组，装饰于过厅的两侧。山川日月都代表着永恒。《霞山图》通过层叠交错的五彩山峦，表达了诸如境界、升华、信念、永恒等一些心理暗示。力求通过作品使人们在人们怀念、追思中看到希望、得到力量，更好地前行。作品通过块面的分染与糊的肌理表现，描绘了层次清晰、色彩明快、简洁、单纯而又充实、丰富的五彩山峦，给人以开朗、向上、舒畅之感。

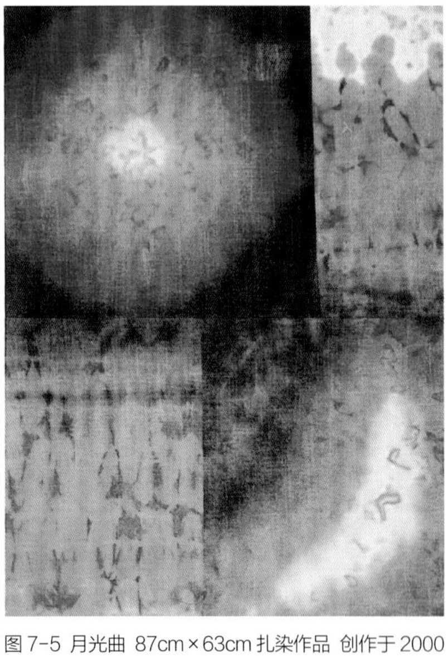

图 7-5 月光曲 87cm×63cm 扎染作品 创作于 2000 年。为北京靓诺服饰有限公司创作。作品由系列的单件作品组合、构成一幅月光朦胧、充满诗意的月光景色。蓝色系的月色柔和晶莹剔透，给人以温馨、浪漫之感。作品的组合、构成形式也是一次新的探索和尝试。

图 7-6 玉兰油之春 250cm×1200cm 蜡染作品 创作于 2002 年。为广州宝洁公司玉兰油品牌发布会创作。作品创作以玉兰油品牌标志性图形为素材，进行艺术加工、再创作。在整幅 2.5 米高 12 米长的幕布上设计了七组由同形不同色块儿组成的、经过艺术加工的玉兰油品牌标志性图形。强化了玉兰油品牌经典、至上、迷人的艺术形象。在创作观念上力求新颖、别致、现代感、时尚性。也包含着新产品、新气象的创作内涵。作品以鲜明的形象、绚丽的色彩、优美的曲线构成了一幅气势磅礴的画卷。既宣传了玉兰油品牌，同时也展现了染色艺术的魅力。在技法表现上通过蜡线勾勒、块面绘染、固色、水洗完成。整个画面融绘画性、装饰性、工艺性于一身并突显了现代蜡染的艺术特色。在材料选择上采用较厚的亚麻布料，使之既具有良好的垂感又容易达到色彩的艳而不燥、饱满厚重。特别是在灯光的映照下，整个幕布更显得色彩斑斓、若隐若现，起到了很好的装饰及渲染会场气氛的效果。是染色艺术作品与实用设计相结合的良好体现。

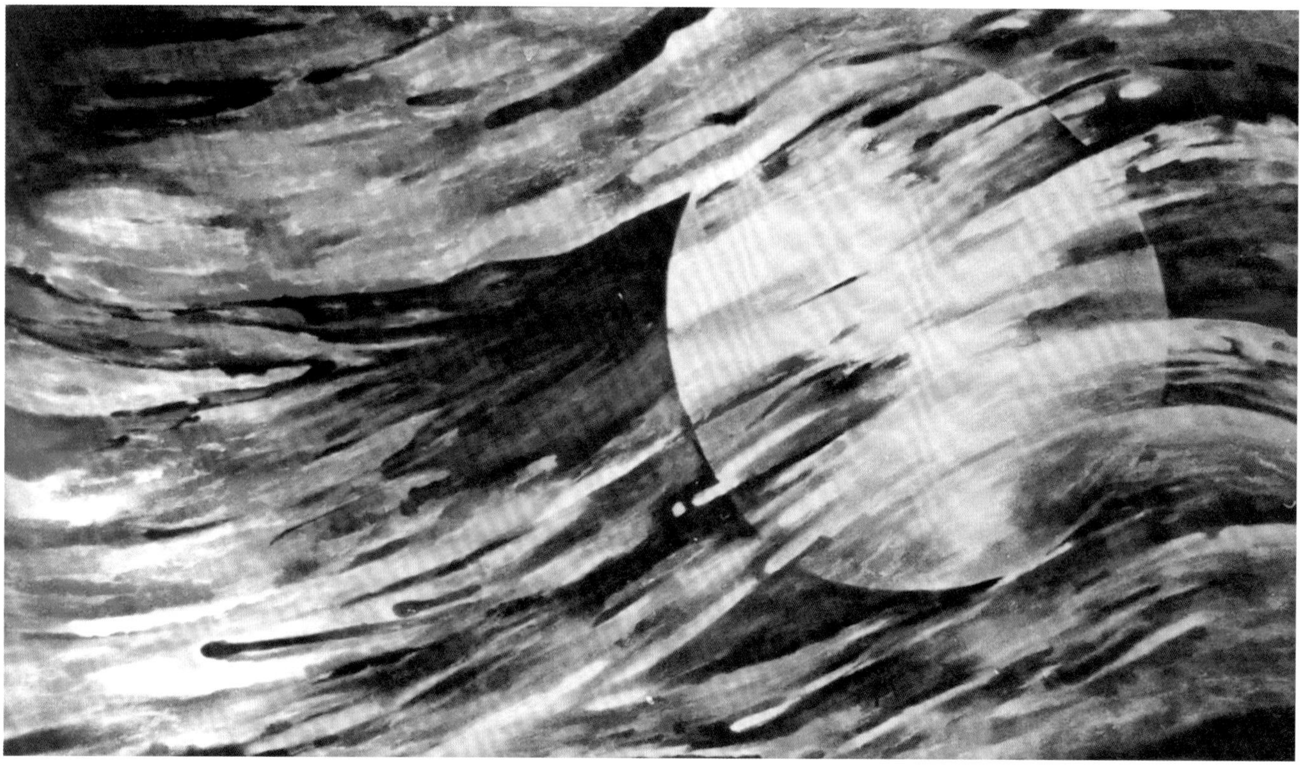

图 7-7 流云图 260cm×400cm 蜡染糊染并用作品 创作于 2000 年。为北京华人怀思堂创作。人生自古谁无死，但死后仍然得到人们的景仰与怀念也是世人的普遍心愿。日月星辰、亘古不变，象征着长久与永恒。《流云图》通过明月流云表达人们的心愿，希望得到心灵的慰藉。作品运用蜡染、糊染结合的表现技法，通过防形与肌理的制作表现出明月流云的壮丽景观。在色彩的处理上冷暖交织、沉稳明快，丝带状流云代表着思绪万千、怀念与追思。画面整体气势宏大、充满力量、鼓舞人们更好地面对生活、走向未来。作品无论从技法表现还是精神表达都很好地诠释了作品内涵，也是我染色绘画的代表作品之一。

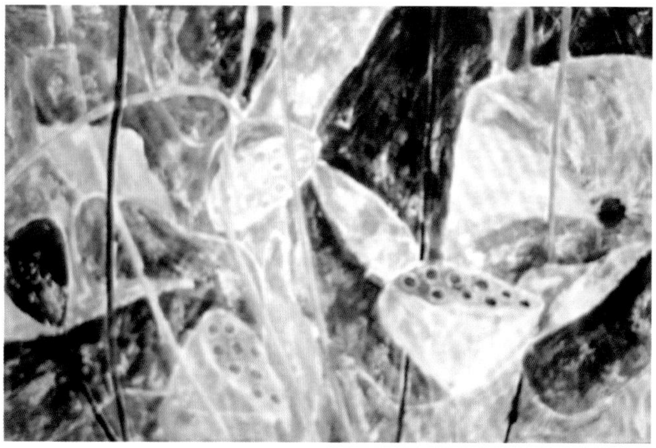

图 7-8 荷塘秋色之一 80cm×110cm 蜡染糊染并用作品 创作于 2002 年。染色绘画探索性作品之一。《荷塘秋色》既不同于国画也区别于油画，它体现了染色绘画特有的艺术趣味。特别是荷叶的肌理处理既源于自然又不同于自然，使人感受到染色技法的独特魅力。在作品内涵的表达上通过茶灰色系的主调、历经风霜摔打的秋荷，使人感受到季节的轮回、感受到大自然赐给我们的美丽秋色。秋荷的美同样令我们感叹，在感怀自然景色的同时体验艺术所带给我们的美感享受。

图 7-9 山边即景 125cm×150cm 色糊绘画作品 创作于 2005 年。山边即景的速写式描绘，运用色糊直接绘制。画面通过用笔的变化，包括浓淡干湿、皴擦点撮，刻画了山石树木、近景远山的不同景色，给人以轻松、舒缓之感。

图 7-10 曲线的构成之五 105cm×66cm 蜡染作品 创作于 2001 年。蜡染工艺探索性作品。蜡染多为冷固色，高温固色无疑是染色艺术的一个尝试。《曲线的构成之五》采用高温固色，实践证明了这种工艺对于蜡染制作的可行性。作品创作是继《曲线的构成之三》之后的系列作品。通过人的肢体的组合构成画面，在作品的内容、题材上进行积极的探索。从多角度、不同侧面进行艺术探索、艺术尝试。

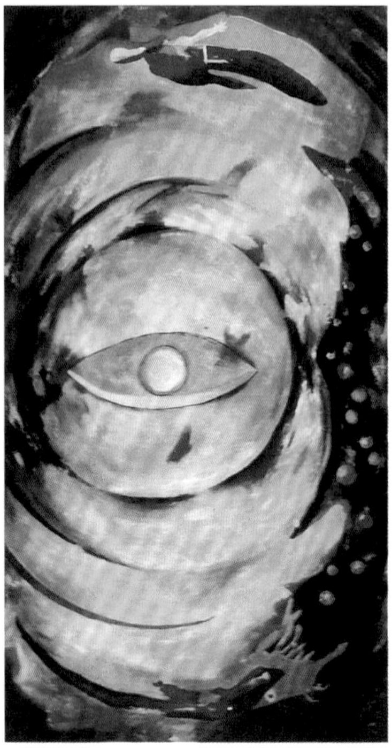

图 7-11 梦境 1 号 120cm×70cm 蜡染作品 创作于 2005 年。绘画题材探索作品。梦境是一个宽广的表现领域。西班牙艺术家萨尔瓦多达利创作了一系列超现实主义的梦境作品。对于梦境，每个艺术家会有不同的表现。其中艺术追求、风格、特长会因人而异。面对梦境作品每个人也会有不同的欣赏角度及不同的感受，就让它思绪飞扬、自由驰骋吧。

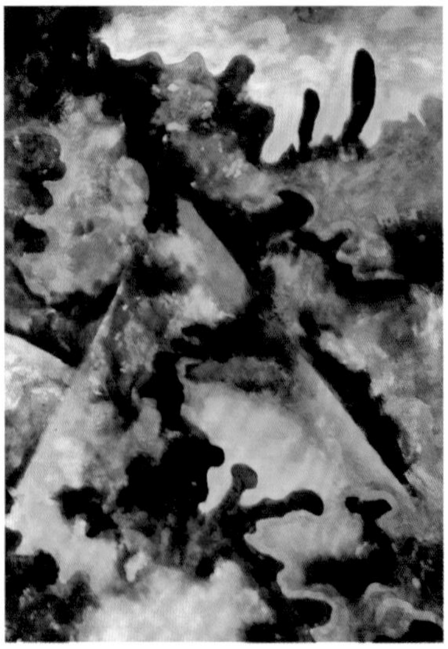

图 7-12 风景 126cm×88cm 蜡染糊染并用作品 创作于 2002 年。作品追求的是染色绘画的独特风貌，通过青铜般的肌理效果、远古山石的造型、弥漫、流动的山风以及历经沧桑的自然生命，表现了艺术家眼中的独特风景。

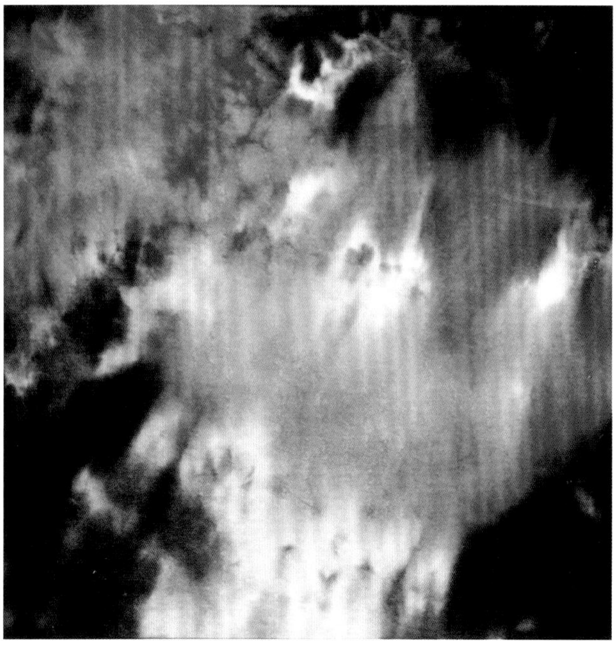

图 7-13 绽放之一 60cm×60cm 扎染作品 创作于 2001 年。扎染作品的创作取决于多种因素，包括作品构思、制作时心境、材料选择、染料调制、扎结手法、施色方法等等。不同的心态、不同的制作准备及不同的制作方法会产生不同的作品。正是这些不同造就了扎染作品的唯一性、与众不同的个性特色。《绽放之一》运用自由捆扎、通过个性化的施色制作而成。画面色彩明快、对比强烈，主体形象似含苞待放的花朵、似喷薄欲出的火焰，给人以升腾之势。扎染的色晕自然、柔和、饱满给人以天作之合之感。

图 7-14 祥云图 200cm×200cm 蜡染与手绘结合作品 创作于 2000 年。同为为北京华人怀思堂创作的作品。作品由象征永恒的天体与象征吉祥的祥云构成。色调选用蓝色，代表着深沉与宁静。作品由蜡染染出天体与渐变的波光，用手绘画出祥云，使之板中有活，静中有动。天体位于画面中心，显示其安稳与定力。画面也充满着吉祥、祝福之意。

图 7-15 海风之二 90cm×90cm 糊染作品 创作于 2005 年。用糊表现水别具风味。由用糊描绘的水花漂流在水面上，形成片片涟漪、随风荡漾。岸边沙滩漫布着海水冲刷的痕迹，更显得水岸交融，共同奏响着海岸风情曲。画面通过反复的画糊、绘染，形成了自然、贴切的海浪描写。暖色沙滩与深邃的大海形成冷暖对比，更显得灵动、明快。

图 7-16 域外传真 80cm×110cm 扎染作品 创作于 1999 年。扎染的艺术魅力在于它的“鬼斧神工”，这幅作品是最好的例证。《域外传真》景致神奇、非笔所能、妙趣横生、好似天境，是自然、人间难能看到的域外风情。是布料选择、扎结手法、配色设计、点染操作的高度融合所诞生的作品。

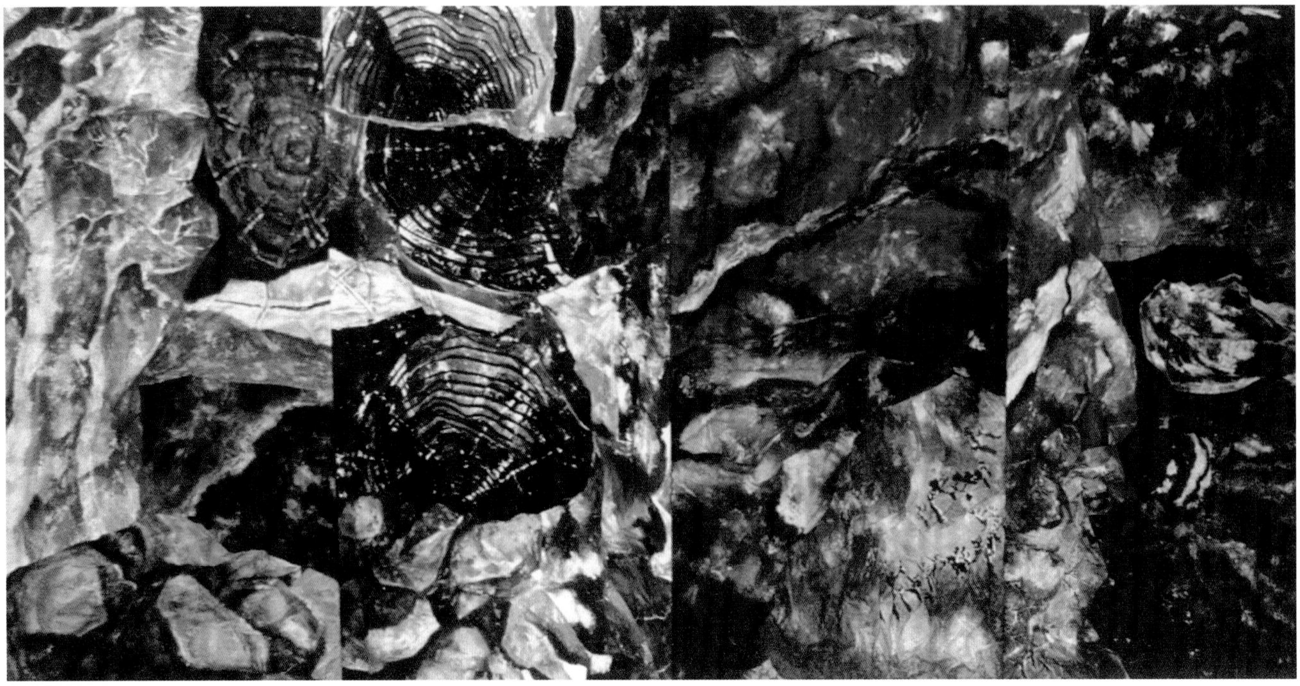

图 7-17 野趣 200cm×400cm 蜡染糊染并用作品。创作于 1993 年，后有一些改动以及展示上的一些变化。2004 年入选全国首届壁画展，2008 年又入选了“从洛桑到北京”第五届国际纤维艺术双年展。《野趣》创作意图在于尝试一种新的艺术表现形式——染色软浮雕。作品制作首先根据设计染布，然后钉背板，再用铁丝制作骨架，最后将染布固定在骨架上。作品设计与制作相结合、内容与形式相结合，使作品既突显了浮雕的形式又通过树木、年轮、山石、星空等自然风物表现了大自然的魅力。在技法表现上蜡染、糊染并用，手绘、染色结合，旨在艺术地表现自然肌理、形象的美以及染色艺术自身的魅力。

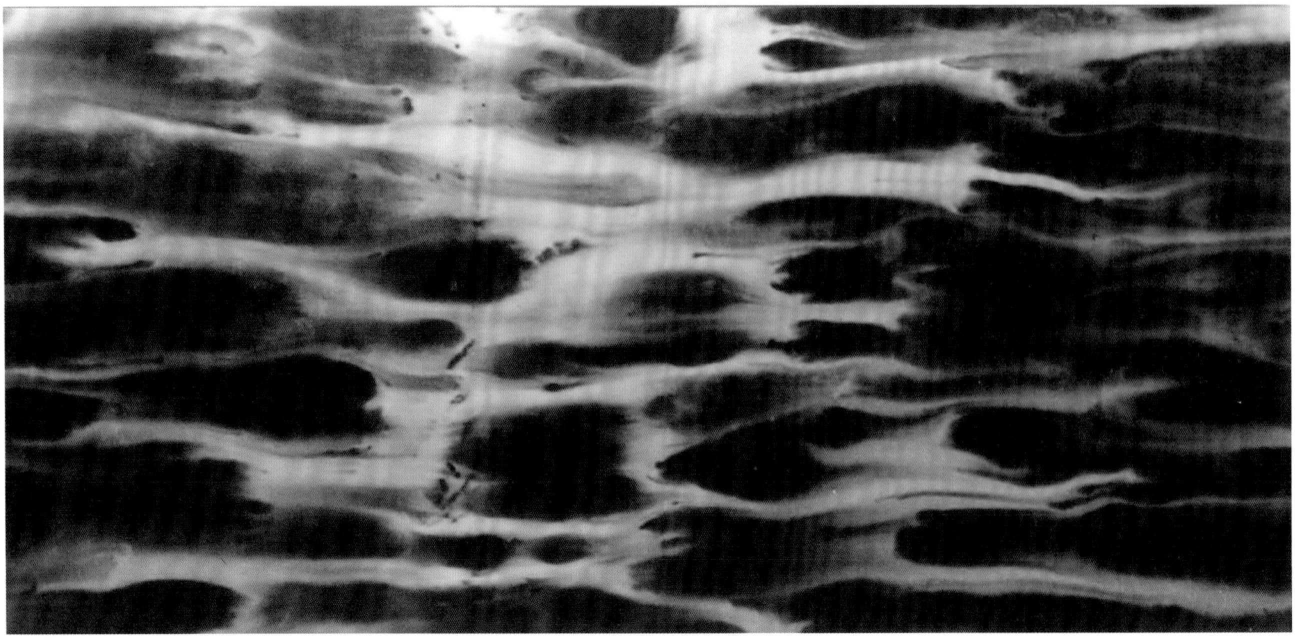

图 7-18 川流不息 130cm×300cm 糊染作品 创作于 2004 年，技法探索作品。制作时色糊与清水形成自然晕和，由于施糊的薄厚、块面的大小以及加水程度的多少，形成画面水流样态、色彩浓淡的丰富多变，实为“非笔所能”的自然意趣的呈现。通过作品可以感受到来自水的神秘世界。

图 7-19 曲线的构成之二 160cm×110cm 蜡染作品 创作于 1998 年。作品着重在于体现蜡染的美、染色的美，以及个性化创作的多角度探索。作品以海底世界为表现内容，通过对海底世界的认知与畅想，表达了我对海底世界的个性化诠释。在技法表现上通过上蜡封形以及层层晕染、渐变的分染，使画面润泽、色彩饱满、晶莹剔透。画面虽然没有水的出现，却使人感受到在观看水中风景。画面清新、柔美、新奇并给人不同的联想。

图 7-20 旷野 105cm×96cm 糊染作品，创作于 2000 年，糊染绘画探索性作品。郊外的旷野寂寞沉静，傍晚的落日余晖映照在旷野的草原上，红红火火，好一派别样风光。作品用色糊绘制，通过不同绘具、笔法的运用以及对比强烈的色彩，给人以强烈的印象。同时也是作者敢于实践、敢于探索的精神流露。

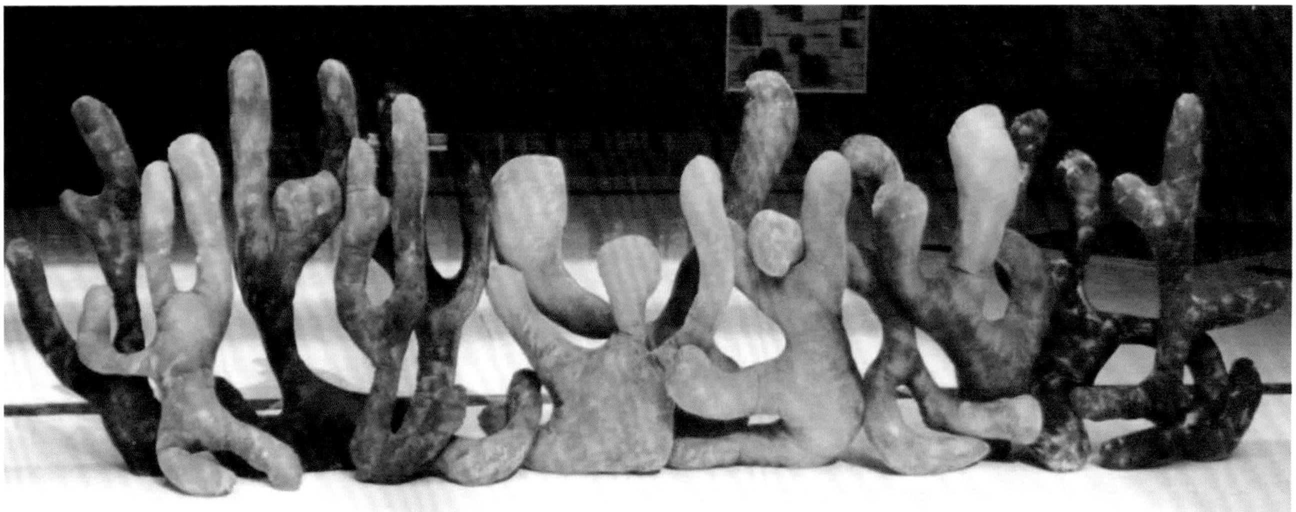

图 7-21 荆棘 120cm×320cm 扎染作品 创作于 2003 年。扎染立体作品的探索性创作。扎染立体作品的形式表现是染色艺术发展的一个标志，通过剪裁、染布、成型缝制，塑造了荆棘的形象，艺术地表现了荆棘的主题。使人感受到染色立体作品的风貌、特色。该作品参加了 2004 年“从洛桑到北京”第三届国际纤维艺术双年展。

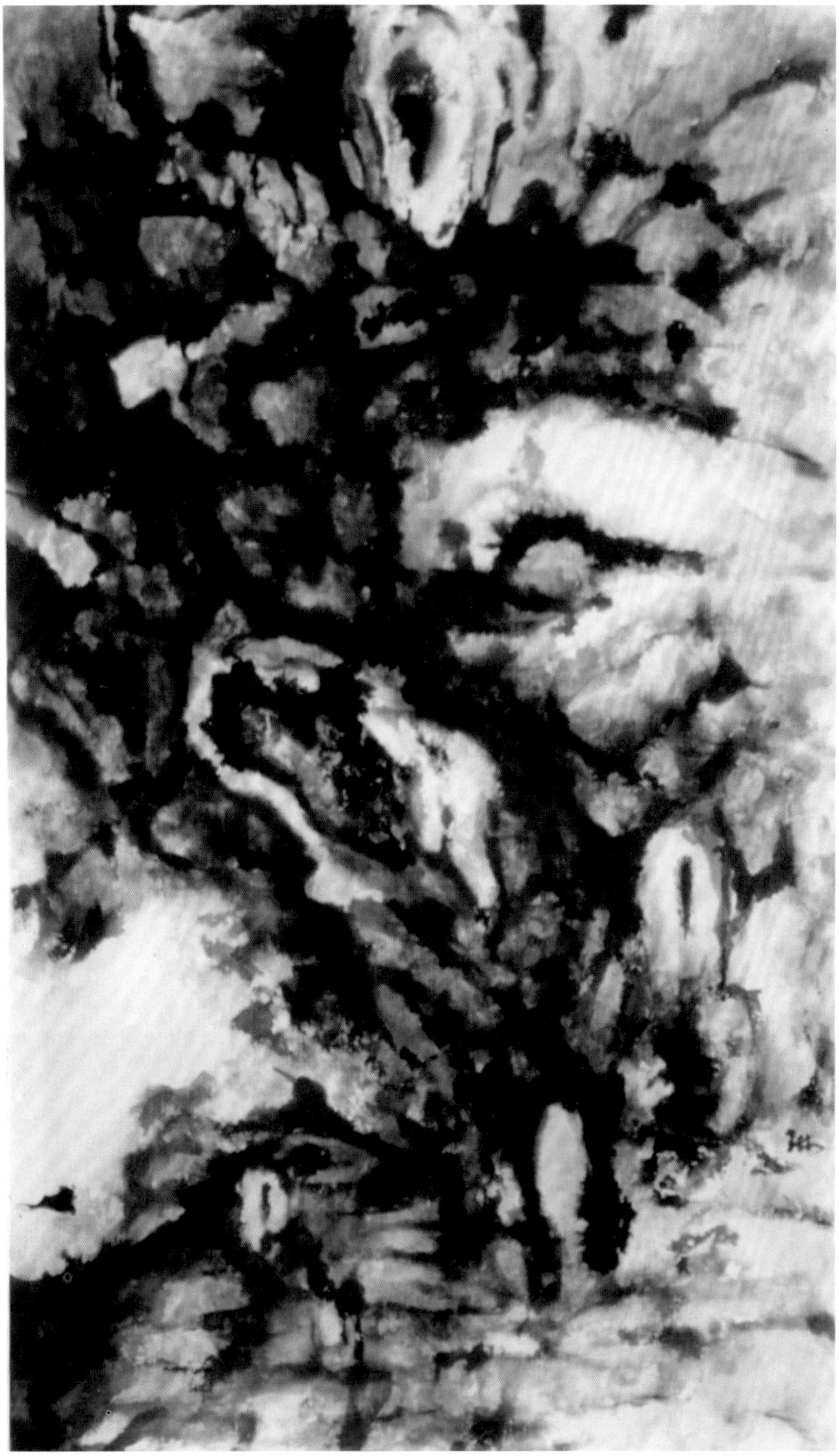

图 7-22 树干图 116cm × 70cm 糊染作品 创作于 2000 年。作品将中国画的笔墨风韵与西方设计的构成手法相结合，力求表达出中西结合之作品新意。作品将局部放大，通过局部及细节的描绘使作品小中见大，风情别具。

图 7-23 海之韵 300cm × 120cm 蜡染作品 创作于 2002 年。为万科青青家园样板间创作。青青家园是德式建筑，样板间陈设简洁而富于现代感，奶白色是其色彩基调。为了打破其略显冷清、单调之感，《海之韵》的创作，彰显了色彩的活力。并通过海的主题，将自然世界引入室内。《海之韵》丰富了室内环境，使室内静中有动，充满生机与活力又使整体环境更加和谐统一、温馨浪漫。在作品表现上技法多样、丰富，在手法处理上将鱼分解构成，使画面鱼水相间、意趣丰富，增强了作品的个性、趣味性。作品采用厚麻质地，色彩明快、柔和，富于温润感，使整个作品艳而不燥、耐人寻味。

图 7-24 嬉戏图 70cm × 70cm 蜡染作品 创作于 2003 年，同为挂轴式探索作品。单纯的色彩、朴素的生活情调、质朴的民间画风，娃儿同鱼共舞体现出欢乐祥和的氛围。

图 7-25 装饰布之一 110cm×86cm 蜡染作品 创作于 1999 年，选择装饰布的表现形式意在探索装饰布的染色艺术表现。作品将古陶、瓷罐通过现代构成的手法加以排列、组合并通过对比强烈的色块儿与传统蜡染冰纹的相互交织，使整个画面既不失传统意蕴又颇具现代感。

图 7-26 辉 220cm×180cm 蜡染糊染并用作品 首创于 1991 年，这幅作品创作于 1998 年，是前一作品的改进之作。改进后的作品尺幅加大、内容更加充实。创作这件作品的初衷是想通过彩陶、青铜、汉砖、书法、长城等表现中国文化、艺术的经典之处，使日本人民了解中国、了解中国传统艺术、文化的精美与博大精深。作品运用构成手法将彩陶、青铜、汉砖、书法、长城等纹样、形象进行巧妙的布局、安排，使之成为反映中国传统文化、艺术史诗般的画面。综观整幅作品内容充实、内涵丰富、线面结合、色彩丰富、表现技法多样，是我染色绘画的代表作品之一。

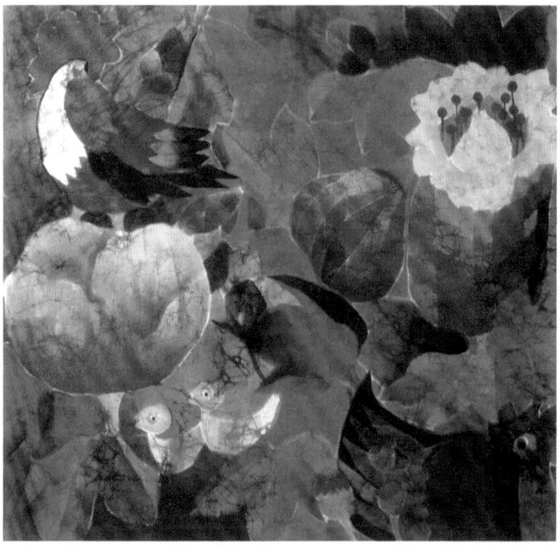

图 7-27 庭院 110cm×105cm 蜡染与手绘并用作品 创作于 1998 年。作品通过对家庭的描写与花卉环境的衬托，表现了儿时对庭院的记忆与对现实庭院的憧憬。在技法表现上，蜡染独特的冰纹制作与直接手绘相结合，丰富了作品的表现力，是这幅作品的特色所在。

图7-28 五彩乐章 120cm×185cm糊染作品 创作于2005年。作品通过调制色糊直接绘画完成。利用糊这一材料进行绘画性表现是我的艺术追求。《五彩乐章》不拘泥于形似，而更注重意象、心绪与整体精神的表达。粗犷的笔触、狂野的线条无拘无束、自由奔放，五彩斑斓、浓墨重笔更显其动感及力度，也是挑战自我、探索糊染绘画艺术表现的心灵写照。

图7-29 蓝色乐章之一 120cm×160cm糊染作品 创作于2007年。糊染对于表现自然肌理如山、石、云、水、树木等有着独到之处。《蓝色乐章之一》通过反复的蘸糊、渲染，刻画了此起彼伏、浪花翻涌的壮丽景观。用特殊用具蘸糊所形成的浪花自然贴切、动感十足。色彩层次丰厚、饱满，画面整体刚柔相济、充满激情，使人仿佛置身于器乐铿锵的乐章之中。

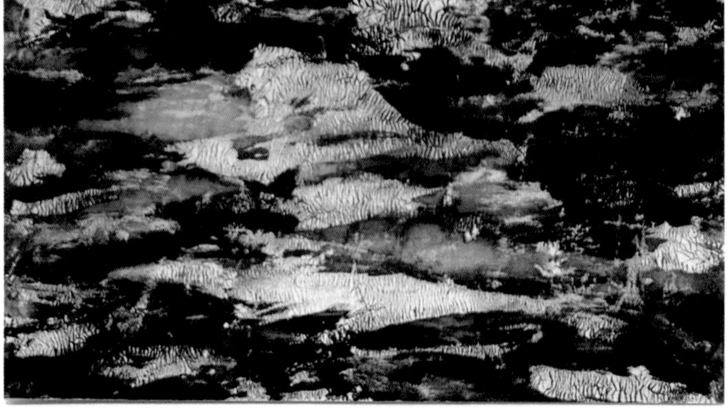

图7-30 融之一 100cm×130cm糊染作品，技法探索作品之一。通过特制糊的运用产生的非同寻常的肌理效果。重点在于糊的配制，不同的配比会产生不同的肌理效果。而且糊的置放时间长短都对糊的效果产生影响。《融之一》以独特的肌理效果成为亮点，且难以复制，成为个性独特、不可多得的作品。作品施色、绘染恰到好处，一幅冰雪消融、春意盎然的别样风情“跃然纸上”，给人以非凡的艺术感受。该作品2006年入选了“从洛桑到北京”第四届国际纤维艺术双年展。

图 7-31 月夜之三 140cm×110cm 手绘作品 创作于 2000 年。用笔蘸染料直接绘画，需要腹稿于胸、从容挥洒。《月夜之三》有线的勾画、有形的直抒、有用笔的多变、有色彩的渐变与晕染。通过笔色相间、浓淡映衬、冷暖对比，表现了夜深人静之月夜景观。

图 7-32 花影 82cm×54cm 蜡染作品 创作于 2000 年。茂密的植物丛中，亭亭玉立的少女隐匿其间，似乎是在吸允着植物的芬芳。天际飞来一道光束，将隐匿的少女显露在月光之下，人花相伴、妩媚多姿、相得益彰。作品富于浪漫主义色彩，也是我常用的创作手法之一。

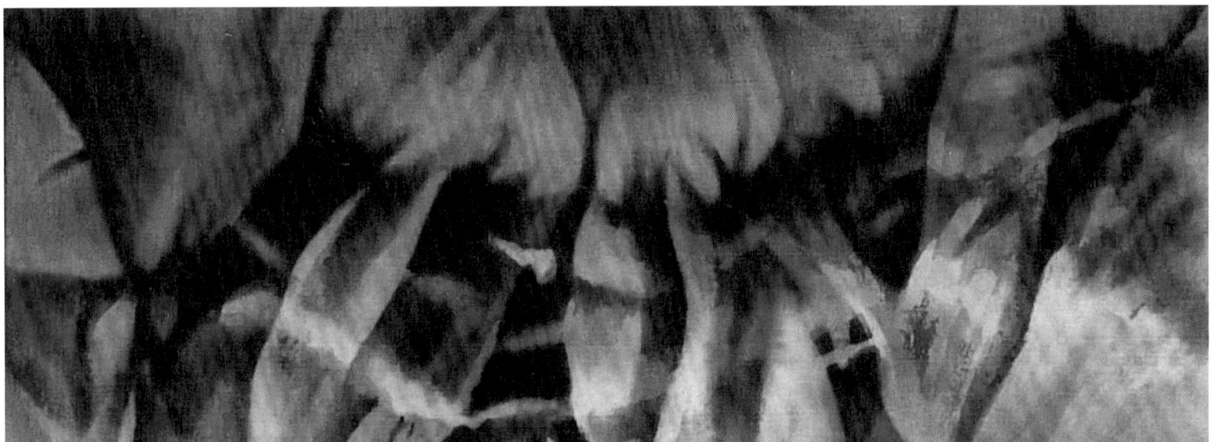

图 7-33 密林深处 32cm×80cm 蜡染作品 创作于 1999 年。蜡染是通过一遍一遍的叠加，逐步加够，使色彩达到通灵、剔透、饱满厚重、艳而不燥的工艺美感。《密林深处》正是通过反复的绘染、投洗制作完成。画面描绘了森林密境、月光冷宁、枝叶繁茂、神秘莫测的自然景色。作品绘染细腻而风格粗犷，蜡味浓厚又充满力度，内容简约却小中见大。色彩深沉饱满，充分展示了大自然的美及作品的艺术魅力。

图 7-34 绿茵场上 185cm×175cm 蜡染糊染并用作品 创作于 1994 年。题材选自我比较喜爱的运动——足球。画面通过人物的动作设计以及场景渲染，表现了绿茵场上足球竞技的别样景观。在人物的处理上以写实为基础，进行适当的夸张变形，使其艺术形象既来源于真实又不同于真实。在人物色彩的处理上既突出人物的形态又与画面整体的色彩相一致。在技法使用上，用蜡封形、用糊制作肌理，特别下功夫于肌理表现。使这幅作品风情独具、风格独特。整幅作品既体现其人物、色彩、布局的设计又表现其肌理感，画面意趣丰富、耐人寻味。

图 7-35 凝聚 110cm×86cm 蜡染糊染并用作品 创作于 1998 年。作品以鱼与海为创作素材，通过提炼、组合、构成，凝聚成一种向上的气势、一种蓄势待发之感。作品蜡染糊染并用、技法多样，色彩丰富而多变、饱满厚重，充分展示了染色艺术的风貌特色。

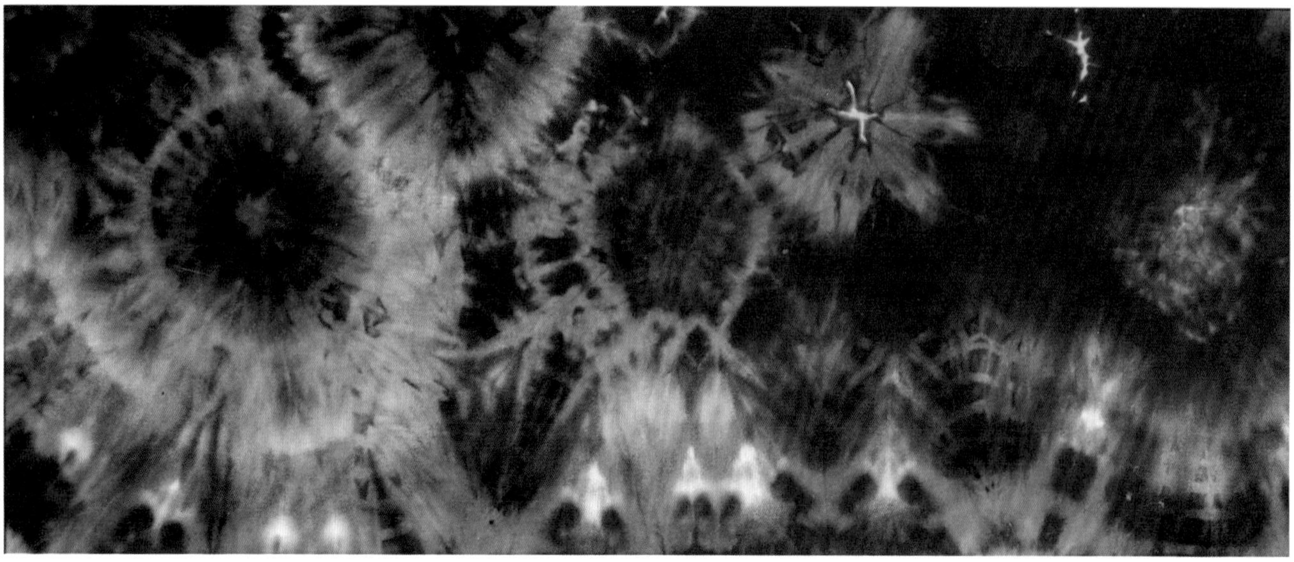

图 7-36 节日焰火 40cm×120cm 扎染作品 创作于 1999 年。扎染创作体现时代生活是扎染作为当代艺术以及当代艺术创作的必然趋势。《节日焰火》感同身受，给我们带入节日焰火现场去领略节日焰火的风光。作品制作时首先根据作品的创作构想勾出草图，然后进行扎结，然后根据色彩构想点染不同的颜色，待晾干后气蒸固色，经水洗后完成作品的制作。作品画面色彩斑斓、绚丽，扎结与色彩表现自然、融合，礼花的形象多姿多彩，节日焰火的氛围浓厚，较好地体现了作品的艺术效果。

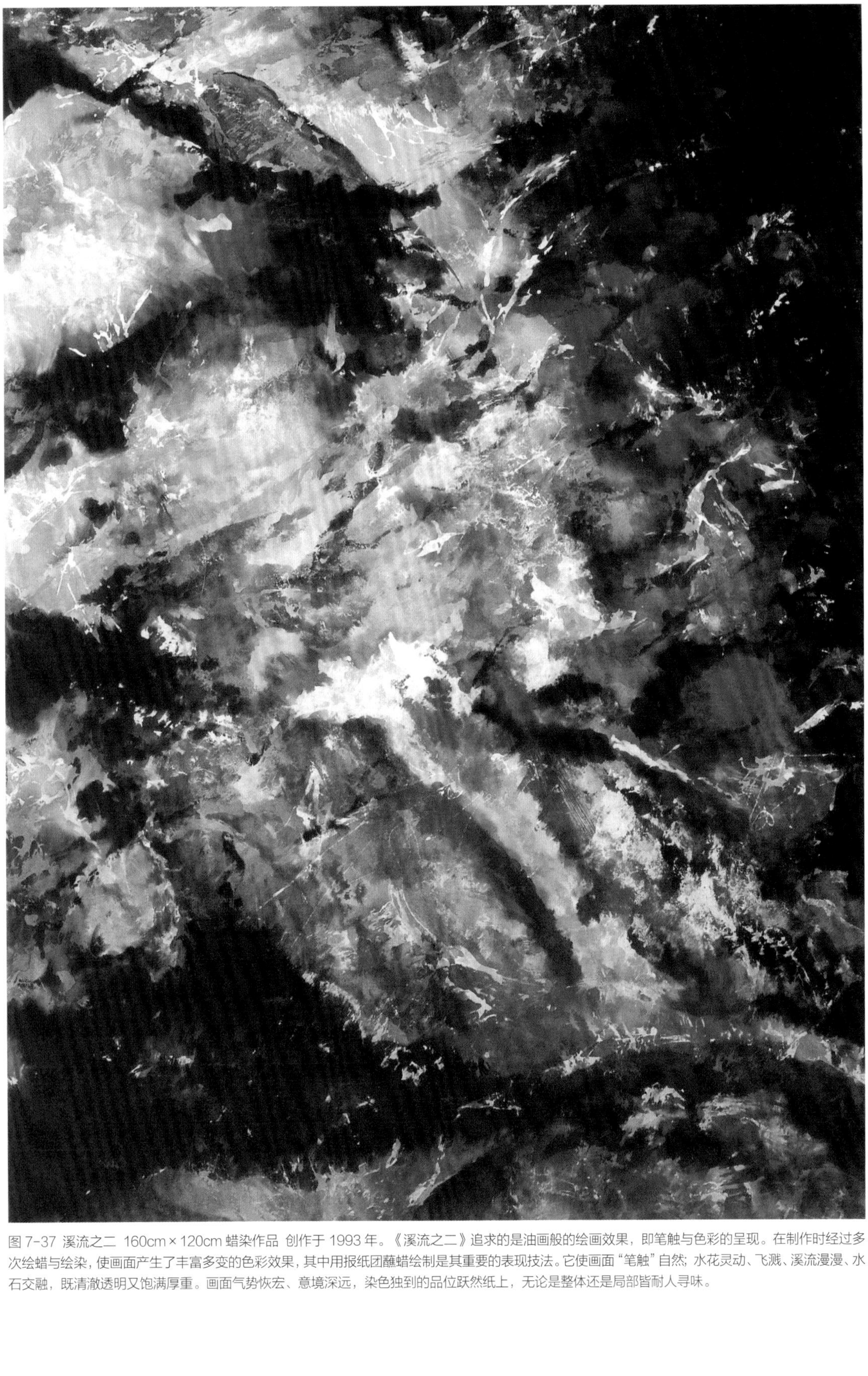

图 7-37 溪流之二 160cm×120cm 蜡染作品 创作于 1993 年。《溪流之二》追求的是油画般的绘画效果，即笔触与色彩的呈现。在制作时经过多次绘蜡与绘染，使画面产生了丰富多变的色彩效果，其中用报纸团蘸蜡绘制是其重要的表现技法。它使画面“笔触”自然；水花灵动、飞溅、溪流漫漫、水石交融，既清澈透明又饱满厚重。画面气势恢宏、意境深远，染色独到的品位跃然纸上，无论是整体还是局部皆耐人寻味。

图 7-38 彩墨山峦之二 125cm×185cm 糊染与手绘结合作品 创作于 2005 年。作品力求通过国画写意的用笔用墨、西画比较艳丽的色彩表现中西画结合的意味。作品利用色糊的皴、擦、点、拖，表现山石的肌理。通过焦墨飞舞的挥毫，表现层峦的山体。看似平淡的题材却被赋予不同寻常的表达，是作者个性与艺术追求的表露。

图 7-39 郊外印象 126cm×184cm 糊染作品 创作于 2005 年。运用色糊进行绘画性表现是这幅作品的追求。画面白糊与色糊并置、笔触随意奔放，皴、擦、点、拖之间胸中意气之饱含。广阔原野的印象在干湿、浓淡的彩墨间尽显。

图 7-40 彩墨山峦之一 185cm×125cm 手绘作品 创作于 2005 年。调制色糊直接绘画，通过笔触的浓淡、干湿、粗细变化表现自然物象，尽显抒写的意味。作品运用构成的手法表现了日月山川的宏大场景。画面气势恢宏、自如流畅、写意性浓厚，抒发了作者之胸中意气。

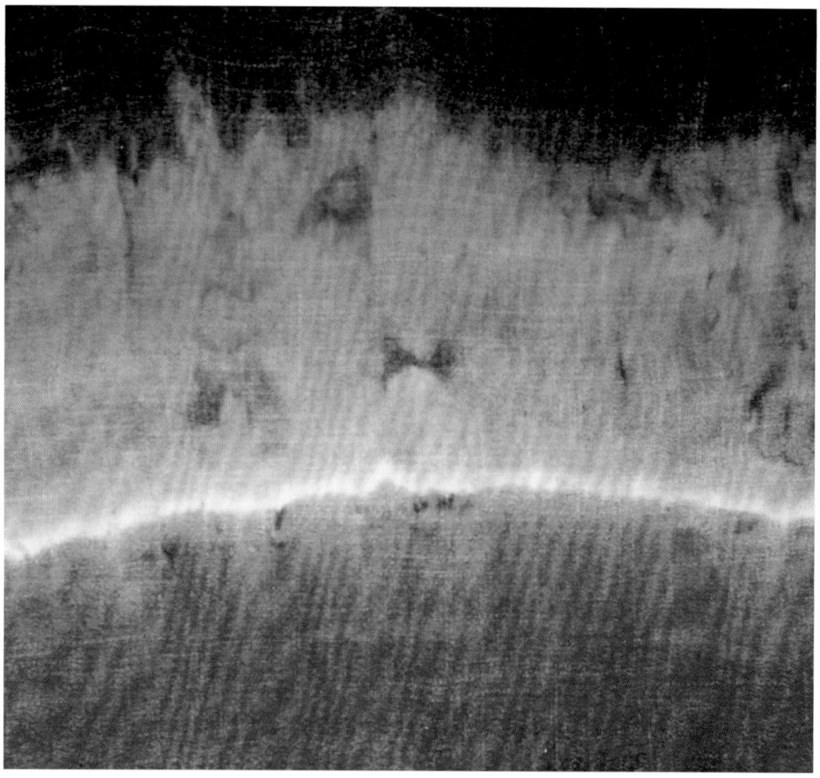

图 7-41 极光 40cm×50cm 扎染作品 创作于 2000 年。作品将材质与扎结的特色充分发挥出来，创造了引人入胜的极地景观，给人以舒畅、欣悦之感。

图 7-42 曲线的构成之三 160cm×110cm 蜡染作品 创作于 1998 年，个人代表性作品之一。作品通过人体及肢体的组合构成，表达了我对现代染色艺术作品创作的积极探索与尝试。作品无论从题材内容到艺术表达都寻求新的感观与表现。在工艺制作上通过数十遍的蜡防与绘染，形成了色彩饱满、厚重、艳而不燥的画面效果。作品蜡染韵味浓厚、艺术特色鲜明，给人以较强的视觉冲击力。该作品曾获新中国成立五十周年辽宁省美展优秀作品奖。

图 7-43 北京 2008 之一 128cm×66cm 蜡染糊染并用作品 创作于 2003 年。《绿茵场上》的再创作。奥运将在北京举行，为表达喜悦之情以画作作为心境表达。画面由足球动作设计、五环颜色运用、民间剪纸风格构成，力求民间画风与现代感综合体现。通过作品感染观众，传达心情。在技法处理上通过颜色分染、肌理制作表现，使画面色彩明快、沉稳、艳而不燥。

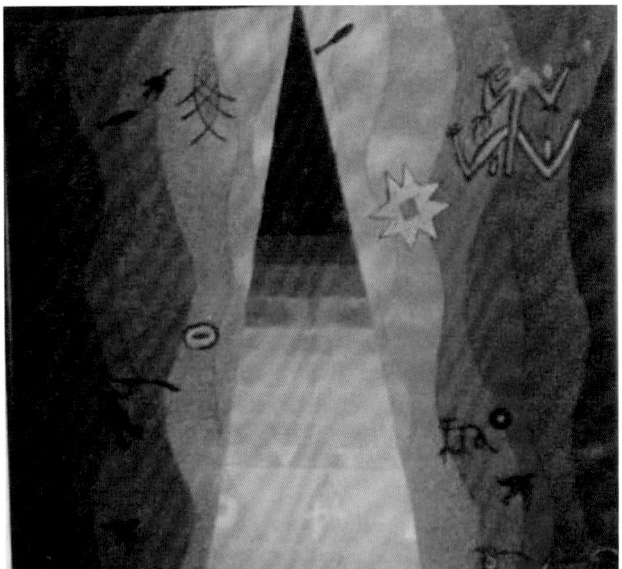

图 7-44 慰灵图 200cm×200cm 蜡染作品 创作于 2000 年。为北京华人怀思堂创作作品。作品通过画面中心阶梯向上的三角指向以及色彩的渐变象征着走向无限。远古纹样的装点象征着一脉相承的中华血脉以及与先贤融为一体的情怀。由中心向外扩展的波纹象征着人生的不平凡以及思绪万千、怀念之情。《慰灵图》旨在创造一个宁静、安详的氛围，以祭奠逝者、寄托哀思。蜡染的分染工艺及色彩设计很好地诠释了主题，使画面庄重、柔和的艺术效果得以体现。

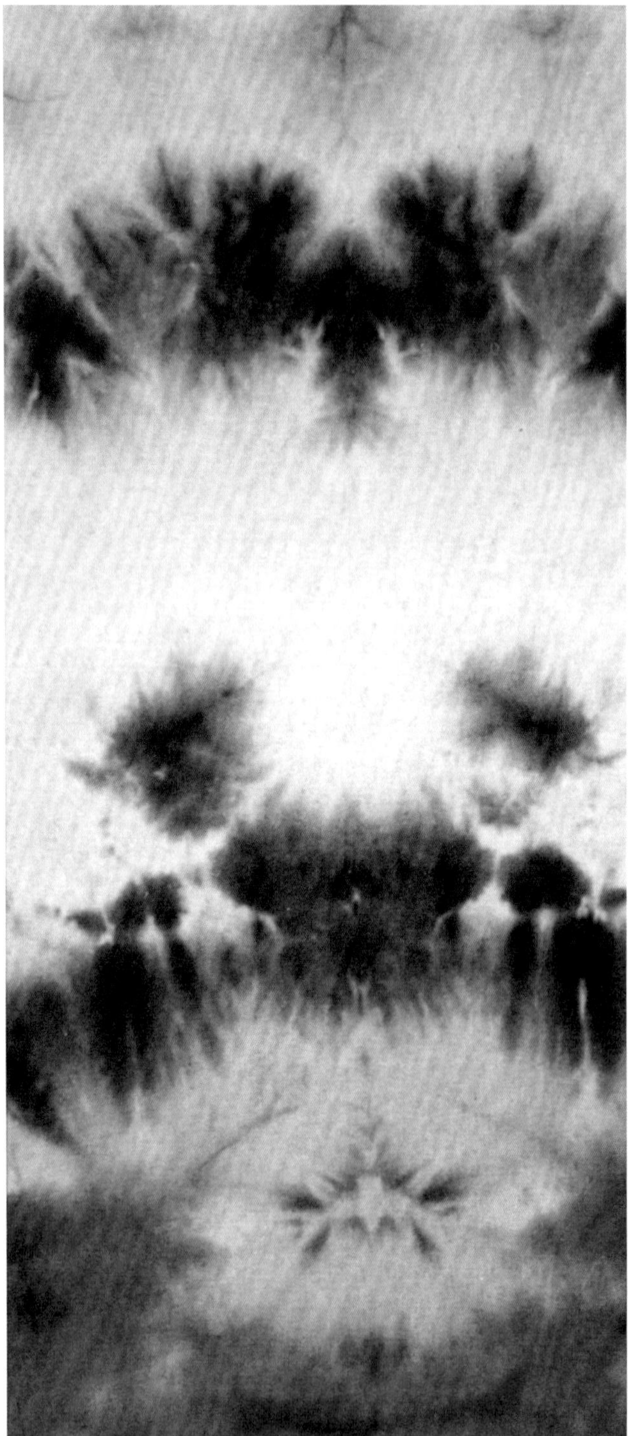

图 7-45 蟹 88cm×44cm 扎染作品 创作于 2000 年。作品通过独特的扎结与恰当的点染造就了蟹的意向表现。作品简洁、单纯、言简意赅，生动、神似地推出了蟹的演出，很好地体现了扎染的艺术特色及其内涵，是不可多得的艺术作品。该作品曾参加 2000 年中国艺术博览会、首届中国现代工艺美术展。

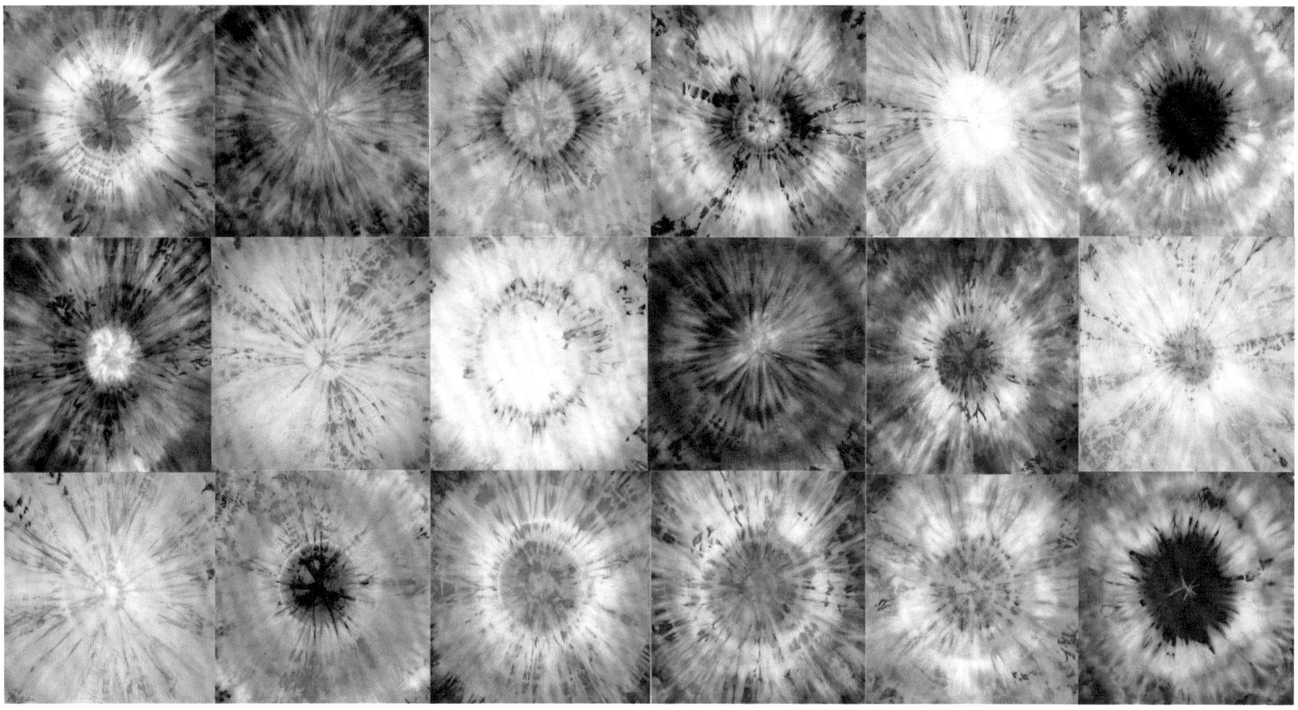

图 7-46 月亮的表情 170cm × 320cm 扎染作品 创作于 2006 年，扎染表现形式的探索性作品。如何将传统的扎染赋予新的表现形式，使之更好地适合于当代生活环境、更好地服务于当代是扎染艺术发展中的重要课题。《月亮的表情》将 16 件单体作品通过排列、组合使之成为一件作品。将 16 个不同景色的月亮组合成一件表情丰富的作品，既增强了作品的艺术表现力、作品自身的力度，又在作品表现形式上给人以新的感受。

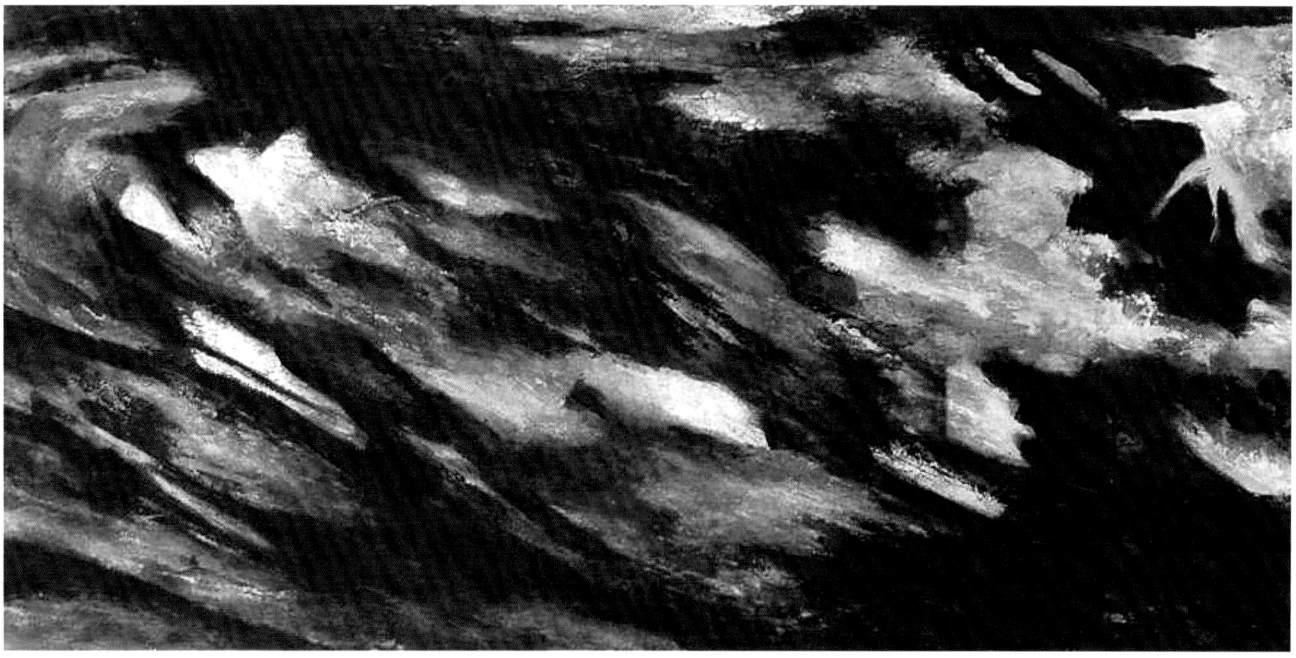

图 7-47 蓝色乐章 115cm × 400cm 糊染作品 创作于 2009 年。天空，浩瀚无际、风云多变；时而晴空万里、时而乌云密布；时而浮云飘动、时而流云疾驰。《蓝色乐章》表现的是疾风劲走般的流云有如音乐舞蹈史诗般的演出；或乘风而去，或缭绕徘徊，或细语交织，或奔腾欲出。蓝、白色流云在深色背景下显得宝石般璀璨，又使人仿佛置身于其中，与云共舞、一起聆听大自然那美妙的乐章。作品运用糊染表现技法，通过蘸糊、绘染表现云的肌理、形象、色彩。作品整体动静结合、虚实相生、线面并举，展现了精心推敲与制作效果的完美结合。

图 7-48 根 120cm × 160cm 糊染作品 创作于 2007 年。灵感来源于新疆喀纳斯之行。巨大的树根盘根错节，演绎着生命的久远与沧桑。老树根上的新芽吐绿，预示着新的生命的诞生与轮回。作品通过糊的防染表现形态与肌理、枯枝与老干。作品赋予“根”以艺术的生命力。

图 7-49 密境之一 125cm × 185cm 糊染作品 创作于 2005 年。运用色糊直接绘画是这幅作品的艺术特色。作品描绘了足迹难觅的自然深处；或是深山老林的山谷，或是高山之间的一片净土。植被繁茂、郁郁葱葱，流水潺潺，总之作品给人以清爽、惬意之感。用特殊绘具描绘的“笔触”苍劲有力，形成作品独特的风貌。

图 7-50 融 190cm × 95cm 糊染作品 创作于 2006 年。作品意在表现春暖花开、冰河消融、水流穿石的自然景观。制作时运用糊染技法通过特殊用具的使用，使色糊的笔触苍劲、斑驳有力。笔法粗细相间、曲直自如，熠熠生辉。将暖意融融、水流湍急、波光粼粼的景色尽收眼底。作品情境交融、笔墨交融、生动有力，是我糊染绘画的代表作品之一。该作品于 2010 年参加了第七届亚洲纤维艺术作品展。

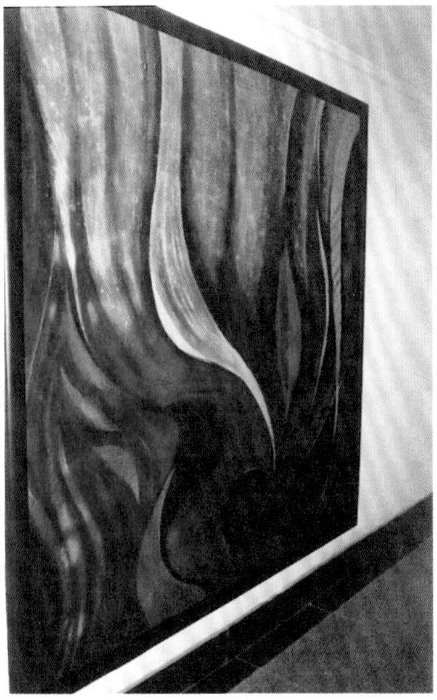

图 7-51 升华 200cm × 200cm 蜡染作品 创作于 2000 年，为北京华人怀思堂创作作品。作品以蓝色为主调，力求安静、安详、深邃之感。向上升腾的曲线与点点的花絮象征着思念与思绪的飞扬。画面深沉、稳重又充满柔情、隐约之间又感受到一种希望与向上的力量。

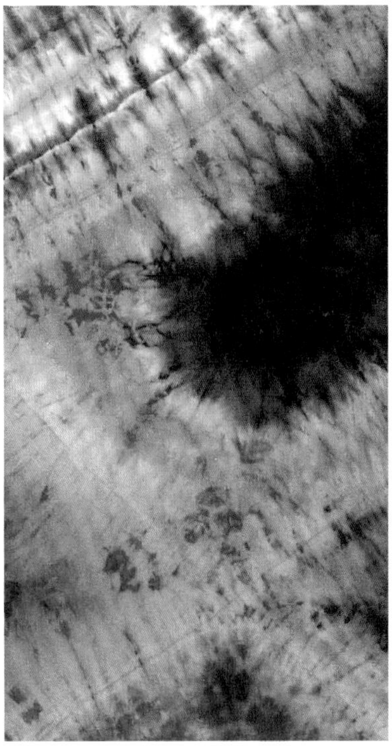

图 7-52 构成之六 130cm × 90cm 扎染画探索作品 创作于 2006 年。作品将扎结形象与色块儿分割构成相结合，使扎结形象丰富、多样、色彩对比融合、线面交织、构图别致，给人以新颖、别致之感。

图 7-53 背影 115cm × 80cm 蜡染糊染并用作品 创作于 2006 年。背影是人物表现的一个独特的角度。特别是在没有任何道具的情况下，更是给人留下了更多的思索空间；人物的职业、身份、内心所思、所想……或是女教师在思考着教学；或是母亲在惦记着孩儿的冷暖；或是医生在考虑着病人的治疗方案……总之给观者以足够的想象空间，在想象、思索中驰骋、熏陶。在技法处理上，片片的糊的肌理有如片片思绪，引入人们的思考与想象，同时起到气氛渲染的作用。层次丰厚的色彩渲染也在暗示着深层、含蓄、心愿等一些思考，为表现作品发挥着功用。

思考练习

●要点提示

染色艺术作品的风格、样式、个性特色丰富多彩，要多看、多钻研、多实践（包括其他艺术与绘画的借鉴），不断提高艺术修养与艺术鉴赏力，为作品创作、设计奠定基础。

●思考题

1. 染色艺术作品与其他绘画类别有何异同？
2. 如何才能提升染色作品的艺术高度？
3. 创作、设计、制作染色艺术作品与实用作品各一件。

相关链接

●延伸阅读

钟绍琳 . 糊染绘画创作点滴[J]. 美术之友 .2009.04.
钟绍琳 . 现代扎染艺术浅析[J]. 上海工艺美术 .2009.02.
钟绍琳 . 对发展我国染色艺术的思考[J]. 浙江工艺美术 .2011.06.
林乐成，尼跃红 .2010 年“从洛桑到北京”国际纤维艺术学术研讨会论文集[M]. 中国建筑工业出版社 .2010.

参考文献

1. 田中清香 . 染色的技法 . 东京: 日本理工学社, 1974.
2. 崛友三郎 . 糊染画制作 . 东京: 日本美术出版社, 1984.
3. 高桥诚一郎 . 染色的基础知识 . 京都: 日本染织和生活社, 1997.
4. 郑巨欣 , 朱淳 . 染缬艺术 . 杭州: 中国美术学院出版社, 1996.
5. 金士钦 , 龚建培 . 手工印染技法 . 南京: 江苏美术出版社, 1999.
6. 汪芳, 邵甲信, 应骊 . 手工印染艺术教程 . 上海: 东华大学出版社, 2008.

后 记

经过多年的染色艺术作品创作与教学实践，很想把自己的心得与同行及喜爱染色艺术的人们共同分享，有幸遇到湖南美术出版社陈秋伟主任，在他的大力支持以及编辑室成员的共同努力下，这本教材得以问世，在这里对湖南美术出版社以及为此付出辛劳的同志们表示衷心的感谢！还要感谢为本教材提供范图的西安美院服装系2002级纺织品设计以及北京工业大学艺术设计学院装饰艺术设计06-11级的部分同学。在这本书的编写过程中还参考了一些专家、学者的论著，为了阅读的方便在书中未一一注明，在此也向列在参考书目中的作者顺致谢意。随着国家的兴盛、艺术的繁荣，染色艺术也以其独特的品性走入当代生活。愿这本教材能发挥它的功用，为促进我国染色艺术的发展做些贡献。

在作品与作者校对过程中若有疏忽与不准确之处敬请谅解。